JCA 研究ブックレット　No.31

顧客を直視する農協共販

農業者と実需者との相互作用

岩﨑 真之介◇著

はじめに

本書のねらい

農協共販は、農協における組合員の農産物の共同販売であり、農業生産者・生産部会・ＪＡからなる農協共販組織によって運営されています。

この農協共販は、現在、フードシステムの変化と農業経営体間の異質性の高まりという内外の環境変化に直面しています。青果物の加工・業務用需要の拡大は、加工業者や外食・中食業者などの実需者へと接近し、彼らの個別的ニーズへと対応していくことを農協共販組織に求めています。農業経営体の大規模化の進展は、農業収入の安定性や予測可能性の向上といった、大規模経営体においてより切実である営農ニーズに対応しうる販売方法の導入を農協共販組織に要請しています。

本書は、実需者との個別的取引に適応するための農協共販のあり方を考えるものです（注1）。その際、積極的に革新を追求する農業者の意識・行動と、それらに影響を与えうる農協共販の仕組みに焦点を当て、次の仮説を設定して検討を行います。

①農協共販組織の改善・イノベーションに取り組む革新志向の農業者が組織に存在し、かつその取り組みが顧客を意識したものとなっていることが、現在の環境下で農協共販組織が競争力を持つための重要な要件なのでは

ないか

②そうした取り組みが顧客を意識したものとなるためには、その革新志向の農業者が所属する農協共販組織において何らかの機会や仕組みが用意されている必要があるのではないか

積極的に革新を志向する農業者が、農協共販組織の改善やイノベーションに重要な役割を果たしている実態は、これまでの研究でも明らかにされてきました(注2)。それに対し、本書は、革新志向の農業者の意識や行動の中でも、特に「顧客志向」という要素に着目しており、この点が前述のような先行研究に対する本書の主な特徴であると考えられます。

また、第Ⅰ章で述べるように、筆者が参加する研究グループは『マーケットイン型産地づくりとＪＡ　農協共販の新段階への接近』（板橋衛編著、筑波書房、２０２１年）において、実需者との取引に適応するための農協共販組織の見直しのあり方として「マーケットイン型産地づくり」を提起しました。同書に対する本書の位置づけを示すとすれば、本書は、そうした「マーケットイン型産地づくり」において革新志向の農業者が果たす役割と、そのような役割発揮を促進しうるような農協共販システムのあり方に焦点を当てるものである、といえるでしょう。

（注１）本書では青果物における農協共販を対象に分析を行いますが、そこから得られる示唆は他の農産物の多くにも当てはまるものであると考えています。

（注２）革新性を有する農業者の意識や行動と農協共販組織との関係性に焦点を当てた近年の研究として、林（２０１９）や大谷（２００９）などが挙げられます。

用語の定義

ここで、本書で頻繁に使用する用語の、本書における定義を整理します。ただ、本書では定量的な測定を行うアプローチはとっていませんので、緻密な定義を行っても意義は薄いでしょう。定性的な分析や考察を行ううえで必要な範囲で、定義を示すこととします。

まず、「革新志向」と「顧客志向」についてです。「革新志向」は、農業者が改善やイノベーションを追求していることを指すこととします。「顧客志向」は、マーケティングの分野で頻繁に使用されている用語です。顧客のニーズに適応しようとする行動傾向や、事業や戦略を顧客起点で考える発想を指すことが多いですが、統一的な定義は見当たりません。本書では、農業者が、顧客やそのニーズに高い関心を持っていたり、それらに適応しようと実際に行動していたりすることを指すこととします。このように革新志向と顧客志向は性質や方向性が異なっており、農業者によって、両方が高い場合もあれば、どちらか一方だけが高い場合や、両方とも低い場合もありうると考えられます。

次に、「改善」と「イノベーション」についてです。「改善」と「イノベーション」はいずれも、「現状の仕事のやり方を抜本的に変更する現状打破的な問題解決行動」であり、その中の社会的な適用範囲が広いものや効果が大きいものが「イノベーション」、そうでないものが「改善」とされています。つまり、「改善」と「イノベーション」とは、問題解決のための行動という点では差異はなく、広く普及したものや高い効果をあげたものが事後的に「イノベーション」と呼ばれるようになる、ということです（注3）。

さらに、「農業生産者」と「農業者」については、農業の生産過程を担う経済主体一般を指す場合には「農業生産者」（または単に「生産者」）、個人を指す場合には「農業者」を用いることとします。

本書の構成

本書の各章の内容は次の通りです。第Ⅰ章では、まず、農協共販を取り巻く環境の変化を、フードシステムと農業経営の両面から整理します。そのうえで、実需者との個別的取引に適応するための農協共販の見直しについて、基本的な考え方を提示します。

第Ⅱ章では、実需者を顧客として直視しそのニーズに適応している農協共販組織の先駆的かつ典型的な事例として、ＪＡ豊橋における加工・業務用向けキャベツの産地づくりの取り組みを紹介します。

第Ⅲ章では、農業者個人が特定の顧客との取引にどのように適応しているのかを、３つの事例から描きます。

（注3）坂爪（２０１５）1～2頁。このことに関連して、先行研究では、事後的にイノベーションと呼ばれるようになった歴史的な諸事例を分析した結果、その多くが「現状の小さな問題を解決する過程で生み出された無数の小さなアイデアから成り立って」おり、「目の前の問題に対して試行錯誤を通じて既存の技術・アイデアを新たに組み合わせることで、新しい技術やビジネスモデルが生み出され」るものであった、ということが指摘されています（傍点は引用者による）。坂爪は、こうした事実を踏まえて、イノベーションは一般的に「天才がある瞬間にひらめいて、何もないところから社会的な問題の解決に繋がる新しい技術やビジネスモデルを創造するもの」といったイメージが抱かれがちであるが、そのようなイメージは「神話」に過ぎない（いわゆる「イノベーションの神話」）と指摘しています。同書2頁。

そして第Ⅳ章では、第Ⅱ章および第Ⅲ章でみた事例をもとに、顧客に適応し競争力を高めていくための農協共販のあり方について、特に革新志向の農業者に着目して考察を行います。

Ⅰ　農協共販の見直しはなぜ必要か、どう見直すか

1　環境変化が農協共販に求めるもの

(1) フードシステムの変化―加工・業務用需要の主流化―

青果物の需要は、家計用、加工用、業務用の3つに大別されます。

従来、青果物需要では家計用需要が大半を占めていました。生産地から卸売市場を経て小売店の店頭に並んだ青果物を、消費者が購入し家庭で調理したうえで摂食するのが一般的な姿だったのであり、青果物の出荷規格もそれを前提に設定されています。

ところが、人々のライフスタイルが変化するなかで、青果物需要の多様化、中でも食の外部化が進展してきました。このことは、青果物の家計用需要の縮小と、加工・業務用需要の拡大をもたらしています。

加工・業務用需要とは、加工業者が加工原料として青果物を使用する加工用需要と、外食・中食業者が食材として青果物を使用する業務用需要とを一括りにしたものです。主要野菜の需要構成をみると、2015年には、この加工・業務用が全体の57%に達しており、家計用は43%にまで低下しています(注4)。

加工・業務用需要では、原料となる青果物は生産財（注5）であり、同一品目であっても、企業ごとに、もっといえば用途や加工・調理環境ごとに、求められる条件が異なってきます。このように、加工・業務用需要――顧客や取引案件に応じて青果物に変更を加える必要がある需要――のシェアが拡大している以上、産地側も個別的な対応に力を入れていく必要があるといえます。

また、前述のように主要野菜では既に少数派の立ち位置となった家計用需要の方をみても、栽培方法における環境保全や食品安全への特別な配慮、卓越した食味の良さ、少量目化など、個々の消費者が青果物に求めている条件は多様化しています。加えて、小売業者からは、店舗従業員や仲卸業者が担ってきた青果物の小分け・包装作業を産地で担ってほしい、といったニーズも高まっています。家計用需要におけるこうしたニーズもまた、加工・業務用需要に近い、個別対応が必要なものであるといえます。

したがって、農協共販組織は、従来的な卸売市場取引に加えて、実需者を顧客として直視し彼らとの個別的な取引に適応していくことが強く求められているといえるでしょう。その際に直視すべき実需者は、加工・業務用需要においては加工業者および外食・中食業者であり、家計用需要においてはユーザーである消費者と直接に向き合っている小売業者、中でも圧倒的な存在感を持っているスーパーマーケット（生協を含む）であるといえます。

ただ、青果物におけるすべての取引が個別性の高い取引に置き換わっていくかといえば、そのようなことはまず

（注4）小林（2017）。
（注5）消費者が消費する製品が「消費財」と呼ばれるのに対し、生産のために使用される製品は「生産財」と呼ばれています。

考えられません。消費財としての青果物、つまり家計用需要向けの青果物については、これまでのような買い手が事前に確定されていない卸売市場流通の合理性が高いと考えられます。それぞれの流通経路や取引方法にメリット・デメリットが当然あるのであり、農協共販組織としては、リスク（作柄リスクや価格リスクなど）や取引コスト（取引相手を探索するコスト、取引相手と交渉するコスト、取引の履行を監視するコストなど）を勘案しながら、これまでのような不特定多数の買い手を前提とする卸売市場流通の部分と、特定少数の顧客と行う個別的な取引の部分とのバランスをとっていくことが必要です。

また、個別的な取引についても、注意が必要なこととして、こうした取引の導入はいわゆる卸売市場の「中抜き」を必然とするものではありません。実需者との個別的取引を、卸売市場を活用しながら行うかたちも十分にありえますし、いわゆる「中間事業者」(注6)の機能を活用することも選択肢の一つでしょう。むしろ、ある農協共販組織で実需者との取引が拡大していったとき、そのすべてで第三者を介在させずに取引を行うことは、コストやリスクの点から現実的でないとも考えられます。

ただ、そうした第三者を介する取引においても、絶対に欠かせないことがあります。それは、農協共販組織からみて卸売市場や中間事業者の先に存在する実需者への対応について、卸売市場や中間事業者に任せきりにせず積極的に関与していくことです。その理由として、第一に、第三者を介するやりとりでは農協共販組織と実需者それぞれの情報が相手方に十分に伝わらないこと、第二に、直接に相対して緊張感あるやりとりを行うことなしには農協共販組織側（生産者やＪＡ職員）の意識改革が進まないことが挙げられます。

一点目については、ある農協共販組織が買い手の実需者と直接やりとりして情報を伝えることをしていない場合、その農協共販組織の産地としての特徴や強みに関する情報は、ごく一部しか実需者へと伝わっていないものと考えた方が良いでしょう。例えば、その農協では他の品目も販売しているのに、実需者側がそのことを知らないために、わざわざ別のルートから手間とコストをかけてその品目を仕入れているようなことも珍しくないのです。同様に、実需者の需要情報が十分に伝わらないため、農協共販組織が、実需者のニーズを踏まえた提案、すなわち新しい量目や売り場づくりの提案などを行うことも容易ではありません。間に入る卸売市場や中間事業者は、さまざまな産地の商品を取り扱っていますから、一つの農協のために労力をかけて丁寧に情報を伝達するメリットは大きくないのです。加えて、そもそも本人同士が直接コミュニケーションをとる方が圧倒的に情報のやりとりをしやすいのは、わざわざ指摘するまでもないことでしょう。

また二点目については、農協共販組織の多くはこれまで青果物のユーザーたる実需者との接点に乏しかったと考えられることから、不特定多数の買い手を前提とする通常の卸売市場取引とは異なる取引慣行、例えば加工業者との取引における契約順守や、スーパーとの取引における店頭売価を起点とする交渉などへ適応するためにも、実需者への接近は欠くことのできない要素となります。

以上をまとめるならば、農協共販組織には実需者との個別的取引の強化が求められており、そこでは、実需者と

（注６）中間事業者とは、「産地と実需者をつなぎ、産地から購入した野菜の選別・調製・加工等を行い実需者に安定的に供給するのみならず、加工・業務用需要に対応し得る産地を育成する機能を有する」事業者を指します。農林水産省「『中間事業者』の育成強化の必要性」１頁。

の直接取引か第三者を介する取引かにかかわらず、実需者との関係性を築いていくことが必要となる、ということになるでしょう。

(2) 農業経営体の大規模化―共販からの退出で発生する中小規模層の損失―

農業経営体の大部分では、後継者が確保されないなかで農業者の高齢化が進展したため、経営規模の縮小や廃業が進んでいます。これは野菜作や果樹作においても同様であり、青果物の生産は縮小傾向が続いています。

その一方で、家族農業経営体が雇用労働力を本格的に導入して経営規模を拡大する、集落営農法人が収益確保や常時雇用者の就業機会確保などのために野菜作を導入・拡大する、あるいは農業外企業の新規参入者の中から農業経営を軌道に乗せる企業が出てくるといったかたちで、経営成長を遂げる農業経営体も少なからず現れています。それらは経営体数でみれば全体のごく一部に過ぎませんが、一つひとつの経営規模が大きいために、農業生産全体においてはかなりのシェアを占めるまでになっています。

こうした傾向はJAの生産部会でも同様に確認できます。多くの部会では、程度の差はあれど、部会員の経営規模の二極化が進むとともに、作付面積や出荷数量でみた大規模経営体のシェアが高まっています。

こうした大規模経営体は、中小規模の経営体とは異なる営農ニーズを持つ傾向にあると考えられます。例えば、中小規模の経営体が家族労働力を中心とするのに対し、大規模経営体の多くは臨時雇用者だけでなく常時雇用者を雇い入れており、作業量や収入の季節的変動にかかわらず一定の賃金を支払い続ける必要があります。また、規模拡大のために、借入によって農業機械や施設などの設備投資を行うことも多いでしょう。こうした賃金支払いや借入金返済のため、農業収入を安定化させたり事前に予測できるようにしたりすることは、大規模経営体にとって切実なニーズとなっています。

いま、農協共販組織には、こうした大規模経営体の営農ニーズの充足に寄与できるかどうかが問われています。積極的な対応に着手しなければ、これらの経営体は農協共販組織から退出してしまうおそれがあり、実際、そのようなケースは少なからず確認されています。もちろん、農協共販組織には多様な生産者が所属しているのであり、JAや生産部会は大規模経営体だけに対応していれば良いわけではありません。ですが、大規模経営体が、農協共販組織に参加する十分なメリットを実感できず組織から退出してしまうと、その農協共販組織では出荷数量が減少してマーケットにおける競争力が低下したり、共同利用施設の稼働率が低下して施設の維持や更新が難しくなったりして（注7）、結果的に他の部会員が不利益を被る可能性があります。

また、こうした大規模経営を営む農業者は、農協共販組織を牽引していくリーダーシップを有していたり、新技術をいち早く導入して農協共販組織のイノベーターとなる資質を備えていたりするような貴重な人材であることも少なくありません。そのような人材が組織を去ることによる損失は見えにくいものですが、長期的にみれば出荷数量の減少や施設の稼働率低下よりも深刻な影響を及ぼすものでしょう。農協共販組織が大規模経営体との関係性維

（注7）農協の組合員であれば、生産部会への所属の有無にかかわらず、集荷場などの共同利用施設を利用することができます。しかしながら、大規模経営体が他の出荷組合などに加入すれば、その組合の施設を利用する方が都合が良い場合が多いと考えられます。

持に力を注ぐことは、他の部会員にも決して少なくない恩恵をもたらすと考えられるのです。

ただ、ＪＡの職員がそのような認識を持っていたとしても、「関係型組織」としての性格が強い生産部会では（注8）、中小規模層が多数派であるなかで大規模層の営農ニーズを重視した意思決定を行うことは容易でないでしょう。同様に、年齢層が高く後継者が不在である部会員が多数派であるなかで、革新志向の農業者の意見や提案を積極的に取り入れていくこともまた、難題であると考えられます（注9）。

これについては、月並みですが、大規模経営体が退出した場合に被ることになるであろう前述のような損失について、ＪＡ職員が中小規模層の部会員との対話によって理解を得ていくことが基本となるでしょう。また、大規模経営体の営農ニーズを反映して実需者との契約取引に着手する際には、第2節で詳述するように、同様のニーズを有する部会員のみで小グループを組織して取り組みを進めることも有効となります。

2　実需者との個別的取引の考え方

（1）農協共販の基本的な仕組み

こうした環境の変化に対し、これまでＪＡや連合会はそれぞれ対応に力を注いできました。その現時点での到達点の一つが、後述する「マーケットイン型産地づくり」の取り組みであると考えられます。この「マーケットイン型産地づくり」について説明するために、まずその前提として、従来の農協共販の基本的な仕組みを説明します。

図1は、農協共販組織の構造を模式的に示したものです。冒頭でも述べたように、農協共販を運営する農協共販

組織は、農業生産者と、同じ品目を出荷する生産者で組織される生産部会、そしてＪＡの三者で構成されています。農協共販組織といっても、必ずしもその構成員や外部の関係者から明確に一つの組織として認識されているということではありません。あくまで、その実態からみて実質的に三者が一つの組織を構成しているように捉えることが可能であるということです。

同図に示したように、農協共販組織において、生産者はＪＡに農産物の販売を委託し、販売代金をＪＡから受け取ります。つまりＪＡは生産者に対し農産物の販売代行サービスを提供しており、生産者はその対価として販売手数料をＪＡへと支払います。また、生産部会は栽培基準や出荷規格といった共同販売のための取り決めを行ったり、ＪＡの営農面事業に対する部会員の意見を集約してＪＡへと伝達・折衝する機能を果たしています。

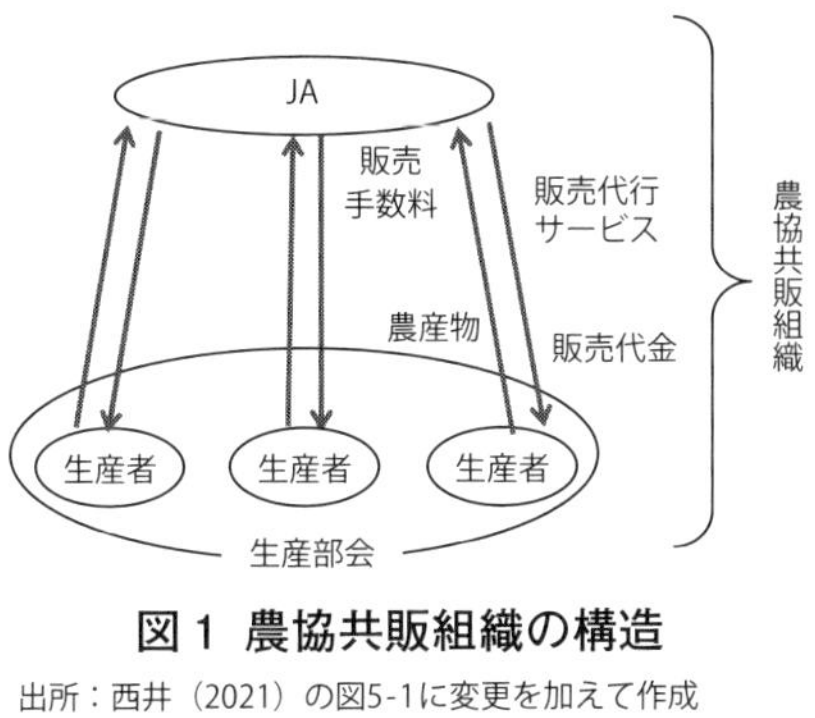

図１　農協共販組織の構造

出所：西井（2021）の図5-1に変更を加えて作成

（注8）「関係型組織」とは、家族や村落共同体のように「関係そのもの」を目的とする組織であり、企業のように「目的達成の手段」として人々が結びついている「機能型組織」と対比される概念です。中條（１９９８）２４９～２６１頁。西井（２００６）は、ＪＡの広域合併に伴う生産部会の統合再編において、相対的に「低レベルの活動を行っていた部会のまとまりが失われないように、さまざまな妥協や配慮が」なされるなかで、部会の主要な関心が「いかに対外的な成果をあげるか」から「いかに内部の関係を維持するか」へとシフトし、「関係型組織としての性格が強められてきた」と論じています。西井（２００６）34～35頁。

（注9）例えば林（２０１９）では、そのような農協共販の現状に対し革新的な部会員たちが強い不満を抱いているという調査結果が示されています。林（２０１９）１０９頁。また、レタスの大規模な法人経営体を営み、ＪＡとも取引を行っている嶋崎秀樹氏は、「農家の間に悪しき横並び意識や間違った平等感覚があ」り、「みんなに配慮する形になるので、結論がありきたりの」ものとなり「大きな変化が期待できない」と述べています。嶋崎（２０１２）１０７頁。

生産部会の部会員であっても、当該品目をＪＡ以外で販売することは可能です。ほとんどの部会員が全量をＪＡを通じて販売しているような部会もあれば、そのときの相場によって有利な販売先を選択する部会員が多い部会もあります(注10)。それを左右する要因としては、農協共販組織が部会員に提供できているメリットの大小や、他の販売先へのアクセス条件、部会員間や部会員・農協間の心理的つながりの状況などが考えられます。

（2）農協共販組織の見直し―生産部会の細分化再編―

以上を踏まえ、ここでは「マーケットイン型産地づくり」の基本的な仕組みをみていきましょう。なお、日本協同組合連携機構（ＪＣＡ）とその前身である旧・ＪＣ総研では、２０１７～２０１９年度に愛媛大学・板橋衛教授を座長とする研究会を設置し、マーケットインに対応したＪＡ営農面事業のあり方についての研究を実施しており、筆者もメンバーの一人としてこの研究会に参加してきました。同研究会では、全国の先駆的な農協共販組織が取り組む、実需者のニーズに個別的に対応するための組織や事業の見直しの実践を「マーケットイン型産地づくり」と捉えて調査・分析を行い、その成果を２０２１年に『マーケットイン型産地づくりとＪＡ　農協共販組織の新段階』として刊行しています。「マーケットイン型産地づくり」の基本的な仕組みに関する以下の記述は、その多くが当該書籍の内容に依拠しています。

図2は、マーケットイン型産地づくり、すなわち顧客の個別的なニーズに対応するための農協共販の見直しのあり方を模式的に示したものです。

図の上部の「レギュラー品」が、これまでのオーソドックスな農協共販の仕組みを示しています。これに対し、見直しのあり方としては図の下部の二つのタイプが考えられます。いずれも、特定の実需者の要望に応じてレギュラー品から変更を行う対応、いわば特注品対応を行うための見直しです。

一つは、図で「特注品・部会全体型」として示しているものです。これは、部会員が従来のレギュラー品としてＪＡの集荷場などに持ち込んだもののなかから、ＪＡが一部を買い取って販売するものです。

このタイプは、顧客の要望が、生産者の出荷より前の工程においてレギュラー品から変更を行う必要がないものである場合に採用されます。例えば、レギュラー品としてＪＡの集荷場に持ち込まれたものを、集荷場の作業員が独自に小分け・包装したうえで特定の実需者へと納品するようなケースです。加えて、生産者の工程で変更

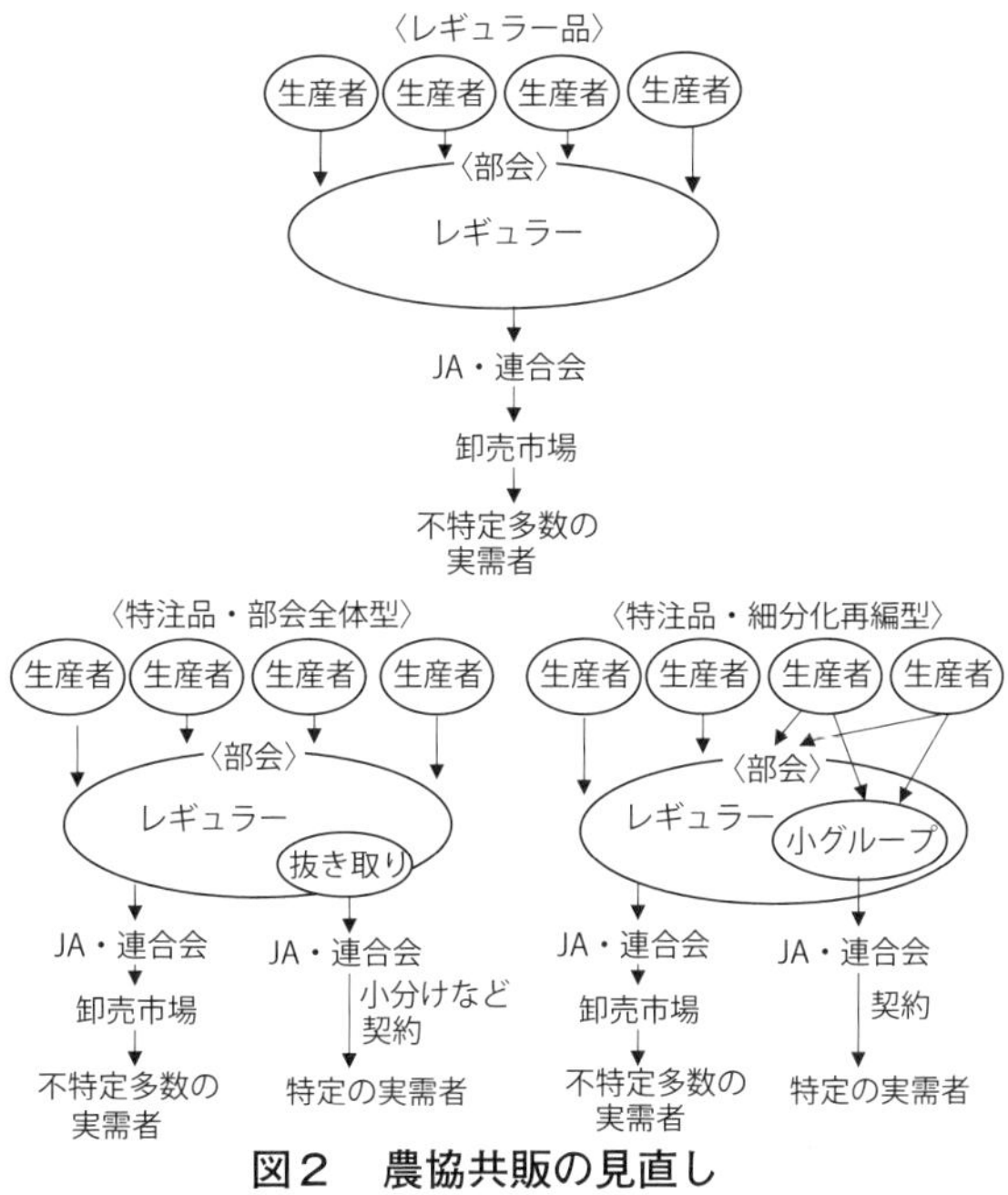

図２　農協共販の見直し

出所：西井（2021）図5-1をもとに大幅な変更を加えて作成

（注10）西井（２０２１）は、前者では生産者とＪＡとの取引が「組織内取引に近」く、後者では「市場取引に近」いことを指摘しています。西井（２０２１）１１２頁。

が必要であっても、それが部会員全員に対応可能なものである場合、例えば、出荷規格の区分を単純化したうえで段ボールではなくコンテナで集荷場へ持ち込むといったケースでは、部会員全員に作付面積などに応じて数量を割り振るような形がとられることがありますが、これも「部会全体型」であるといえます。

「部会全体型」では、通常の卸売市場出荷と、特注品の個別的取引とで、共同計算が分けられることはありません。したがって、特注品の個別的取引によって得られた利益は、部会員全員に広く薄く還元されることになります。

これに対し、集荷場への持ち込みよりも前の工程においてレギュラー品からの変更が必要となる場合、つまり生産者が担う工程の段階でより本格的な対応が必要となる場合にとられるのが、もう一つの「特注品・細分化再編型」です。

このタイプは、任意で取引への参加者を募り、エントリーを行った部会員のみで特定の実需者との取引を行うものです。取引にエントリーした部会員で小グループを作り、技術的なレベルアップの活動や部会員間の割り当て数量の調整などを行うことが多いようです。小グループは生産部会の内部組織であり、小グループのメンバーは多くの場合にレギュラー品と特注品の両方の出荷を行っています。これまでの生産部会の再編が、「統合」や「統一」といったキーワードで表現されるように、JAごとに一つの品目の中で方向性や方針を揃えることを志向してきたのと対比するなら、部会内に小グループを組織し独自の取引や活動を行うかたちは、生産部会の「細分化再編」と呼ぶことができるでしょう。

「細分化再編型」では、特注品は小グループのメンバーのみが出荷するので、共同計算はレギュラー品と特注品とで別々に行われることになります。特注品対応による利益は、この取り組みに参加した小グループメンバーのみに還元されるため、新たなチャレンジをした部会員だけがその利益を享受するという意味で公平性の高い仕組みであるといえるでしょう（注11）。

（3）取引方法の見直し―契約取引の導入―

特注品対応では、前述のように、顧客や取引案件ごとに納品する青果物に変更を加えることが求められます。そうした変更を加えた場合、その青果物は卸売市場で取引されている一般的な出荷規格から外れてしまいます。そして、変更がその取引案件に独自のものであればあるほど、他の買い手にとって扱いにくいものとなってしまい、その取引案件以外に転用することは困難になります。

こうした、「ある人と取引をすると価値は高まるが、別の人と取引をするとその価値が低下する」ような製品やサービスの取引は、経済学において「資産特殊な取引」と呼ばれています。資産特殊な取引では、その相手との取引関係が終了すると、その製品の在庫品や、その製品を作るために投じた労力・設備投資などが、回収不可能な「埋没コスト」となってしまう可能性があります（注12）。そこで、その青果物を買い取ってもらえるという確実性を、可

（注11）西井（2021）は、細分化再編型を採用している生産部会の部会員へのアンケート調査結果から、細分化再編型の取り組みには、それに参加する部会員の自律感と公平感を高め、その結果として彼らの生産部会に対する感情的な結びつきである「情緒的コミットメント」を強化する効果があると考えられることを指摘しています。西井（2021）127頁。

（注12）菊澤（2016）20～21頁。

能な限り高めたうえで生産に着手することが必要になり、契約取引という取引方法が採用されることになります。

青果物の契約取引では、契約案件によってさまざまですが、例えば、播種前の時点で、取引を行う青果物の仕様(外観や大きさ、栽培方法、包装・荷姿)、数量、価格、納品日、契約を履行できなかった場合の対応などについて、取り決めを行います。

市場相場の変動が大きい青果物において、作り始める前から既に買い手や価格などが決まっていることは、生産者、特に大規模経営体にとって大きなメリットであると考えられます。

しかしながら、契約取引は良いところばかりではありません。農協共販組織が契約内容を履行できなかった場合、典型的には不作によって納品日に契約数量を納められなかった場合などには、他の生産者からの買い取りによる納品や損害の補填といった対応が必要となります。取引相手の実需者側にとっては、卸売市場から仕入れられないような特殊な青果物を調達できることに、個別的取引の最大のメリットがあるわけですが、だからといって、農協共販組織側が「作況によっては納品できない」ということでは、実需者は事業における商品やサービスの提供に支障が生じて不利益を被ることになります。

このように、実需者との個別的取引では、従来の卸売市場出荷とは異なる取引慣行に適応していくための農業生産や営業活動の見直しが、生産者やＪＡに求められます。第Ⅱ章では、実際の事例からその具体的なあり方を見ていくこととします。

Ⅱ　顧客を直視する農協共販の実践―ＪＡ豊橋の加工・業務用キャベツの取り組み―

本章では、マーケットイン型産地づくりの典型的かつ先駆的な事例として、ＪＡ豊橋の加工・業務用キャベツの事例をみていきます。同ＪＡでは、キャベツ部会の中に「てつコン倶楽部」を組織し、加工・業務用向けの契約取引を行っています。てつコン倶楽部では、実需者から評価される品質のキャベツをつくり、決められた納品日に決められた数量を納めるため、技術的なレベルアップに取り組んでおり、それをＪＡ豊橋とＪＡあいち経済連がそれぞれ技術面と営業活動面から支えています。

１　ＪＡとキャベツ部会の概況

ＪＡ豊橋（豊橋農業協同組合）は、渥美半島の付け根に位置する愛知県豊橋市をエリアとしています。同市は園芸部門を中心に農業生産が非常に活発であり、農業産出額は県内市町村中、隣接する田原市に次いで第2位、全国の市町村の中でも第13位に位置しています。一方で、同市は県内の名古屋市を含む三大都市圏などの大消費地へのアクセスに恵まれており、農産物をめぐって活発な集荷競争が展開されているとみられます。

同ＪＡの販売品取扱高は１８１億円です。主な内訳は、野菜１１７億円、畜産23億円、果実22億円、花き・花木8億円、米3億円などであり、野菜を中心とする園芸部門が大部分を占めています（数値は２０２０年度）。

キャベツの出荷量が24・8万トンで全国第1位の愛知県（２０２０年、農林水産省「野菜生産出荷統計」）の中でも、同市から渥美半島にかけての一帯は一大産地となっています。1966年には冬キャベツの指定産地となっており、長い伝統を有する産地であるといえます。

同JAでは、本店と管内6つの事業所、事業所ごとに設置されている集荷場が、キャベツにかかる営農指導・販売業務の主な拠点となっています。キャベツを担当する営農指導員は、本店営農指導課に1人と各事業所に1人ずつ、計7人が配置されています。同じく販売担当者は本店青果販売課に1人、各事業所に1人ずつの計7人となっています。いずれの職員もキャベツだけでなく複数品目を担当しています。キャベツ部会の事務局を担うのは本店の営農指導員と販売担当者の2人で、メインは前者となっています。

キャベツの販売においては、同JAとJA愛知みなみ（愛知みなみ農業協同組合）、JAあいち知多（あいち知多農業協同組合）、JAひまわり（ひまわり農業協同組合）の4JAで「キャベツ本部」を設置し、連携して販売に取り組んでいます。キャベツ本部の事務局はJAあいち経済連（愛知県経済農業協同組合連合会）が担っており、経済連に置かれているキャベツ本部にはJA豊橋から職員1人が駐在して販売業務に当たっています。キャベツ本部では、4JAの産地情報とマーケットに関する情報を集約することで、取引先からの注文や要望への対応の迅速性や安定性を高めています。JA豊橋のレギュラー品はすべてこのキャベツ本部を通じて販売されており、販売経路は卸売市場流通を基本としつつ、量販店との直接取引も一部行われています。

JA豊橋のキャベツの系統共販率（同JAのエリア内で生産されるキャベツのうち同JAの共販で取り扱われるものの割合）は、JAの推計で5～6割ほどとみられています。当地域における他の販売ルートへのアクセス条件を考えれば、これは高い水準にあるといって良いでしょう。

同JAのキャベツ部会には500人の生産者が所属しており、キャベツの販売金額は33億円にのぼります。キャベツの作付面積は、秋冬作が約1100ha、夏作が約300haとなっています。

キャベツ部会では、出荷において「G会員」と「S会員」の2つの区分を設け、部会員がどちらか一方を選択できるようにしています。G会員はキャベツをJAへ全量出荷する部会員であり、安定販売への寄与度が高いことから、集荷場での荷受けや検査、販売代金の精算において優遇措置がとられています。S会員はキャベツのJA出荷において数量面の制約がなく、JA以外へも販売を行うことができます。こうした区分は販売面についてのもので、生産面では条件に差異はありません。部会員に占める比率は、G会員が約7割、S会員が約3割となっています。

若い担い手の部会員からは、自身の生産面のこだわりが価格等に反映されるよう、通常のレギュラー品と区別して販売することを望む声が少なからず聞かれているようです。そうした部会員は、S会員を選択して農協出荷とともに独自に卸売市場出荷や実需者への販売を行っているものとみられます。このように、当該制度は部会員ごとの営農ニーズの差異を尊重するものとなっています。

一方で、近年はS会員が増加傾向にあります。S会員の比率が高まれば、日々の出荷数量の変動が大きくなって共販の有利販売が難しくなるおそれがあることから、部会員がニーズに応じて区分を選択できるというこの制度の利点と安定販売との両立を図っていくことが課題となっています。

そうしたなかで、本章で紹介するてつコン倶楽部の取り組みは、共同計算がレギュラー品と別区分で行われ、特殊な生産や取引の方法にチャレンジした生産者だけがその成果をストレートに享受できる仕組みとなっています。そのため、前述のような不満からS会員を選択している若い担い手の部会員の営農ニーズを充足し、農協共販組織へと引き付ける施策としての効果も期待されています。

2 てつコン倶楽部

同JAでは、キャベツ部会の中に「てつコン倶楽部」というグループが組織されており、加工・業務用キャベツの契約取引に取り組んでいます。この取り組みの契機は、実需者への営業活動に取り組んでいた経済連が同JAに取引を提案したことでした。取引に参加する生産者をJAが募集したところ、キャベツ部会から9人の部会員の手が挙がり、2009年にてつコン倶楽部が立ち上げられて取引がスタートしました。

キャベツのレギュラー品は10kg入りの段ボール箱で出荷されますが、てつコン倶楽部では加工・業務用向けに300kg入りの鉄製コンテナで出荷を行っています（**写真**）。「てつコン倶楽部」という名称はこのコンテナが由来となっています。

図3は、このてつコン倶楽部の取り組みにかかる役割分担と取引の流れを示したものです。取り組みの役割分担は、てつコン倶楽部が加工・業務用向け生産のための試験研究活動や新規メンバーへの技術指導、メンバー間の数量配分、実需者の視察対応などを行い、JAは技術指導や試験研究

写真　鉄製コンテナで出荷されるてつコン倶楽部のキャベツ（筆者撮影）

活動の調整、試験結果の整理・検証、てつコン倶楽部の事務局などを、経済連は新規顧客の開拓や商談といった営業活動をそれぞれ担っています。事務局はキャベツ部会事務局と同じ2人の職員が担当しています。

てつコン倶楽部はキャベツ部会内の加工・業務用向け取引グループであり、前掲**図2**の「特注品・細分化再編型」の典型といえます。位置づけは部会内のグループですが、5人の役員がおかれ、規約も設けられているなど、組織としてのつくりはある程度整備さています。

活動も活発であり、後述の試験研究活動のほか、調整会議と呼ばれる生産・販売に関する会議、役員会などを行っています。このうち調整会議は、定例の会議が収穫期に3～5回（注13）行われるほか、新規の取引案件が来たときも都度開催されます。新規取引への参加は任意とされており、新規取引のための調整会議ではメンバーの中から希望者が集まって数量の配分や取引先の要望への対応について協議を行います。

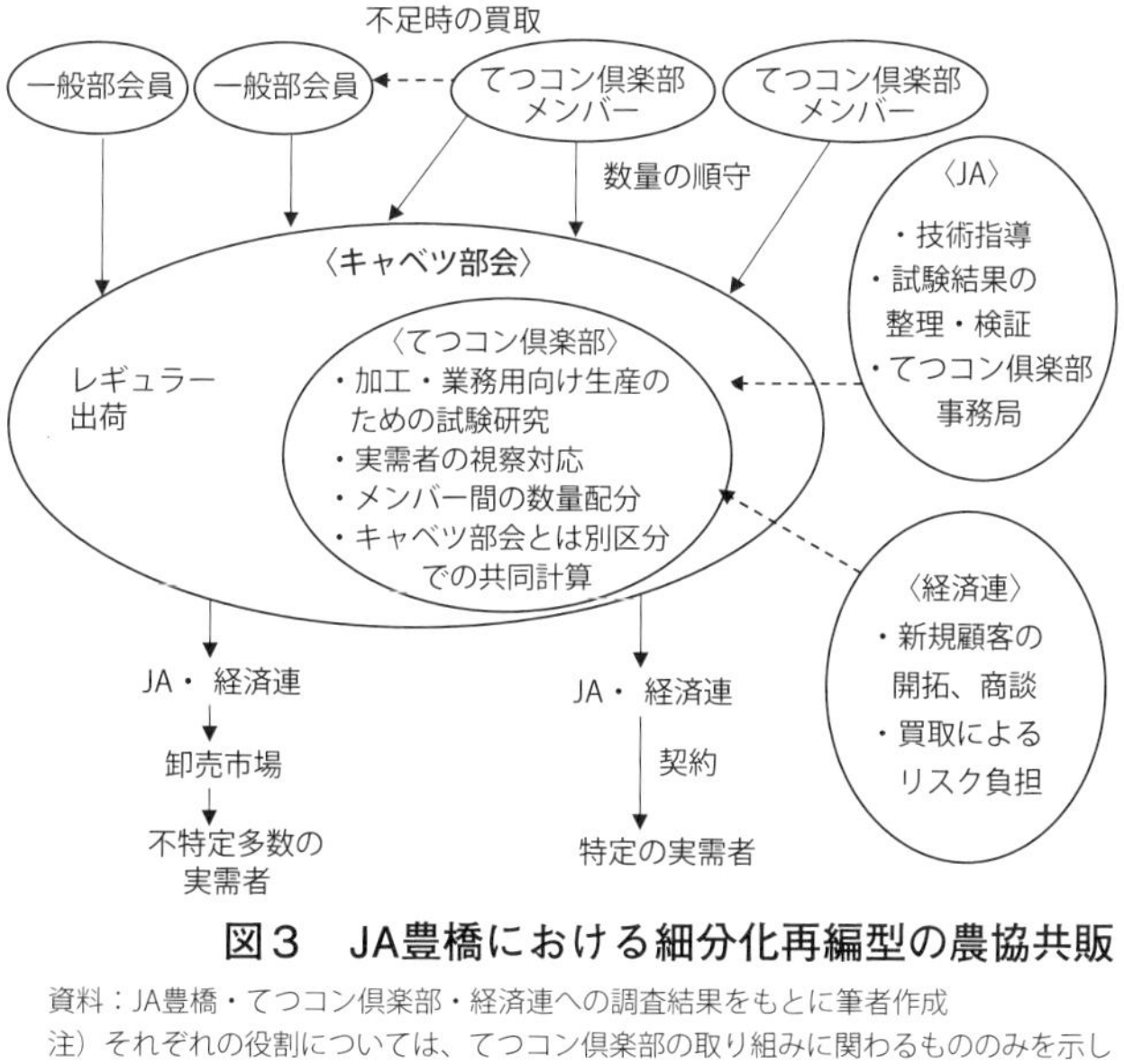

図３　JA豊橋における細分化再編型の農協共販

資料：JA豊橋・てつコン倶楽部・経済連への調査結果をもとに筆者作成
注）それぞれの役割については、てつコン倶楽部の取り組みに関わるもののみを示している。

（注13）秋冬作の場合。夏作では生育状況が急激に変化するため、週1回という、より高い頻度で行われています。

てつコン倶楽部は現在、20人のキャベツ生産者が所属しています。メンバーには若手も多く、また約半数のメンバーが既に農業経営の後継者を確保しています。後継者の確保率は、レギュラー出荷者と比べて高い状況にあります。契約取引で経営の見通しが立てやすいことや、収穫から出荷までの作業がレギュラー出荷よりも省力的であることが、後継者層に魅力的に映っているものと考えられます。

立ち上げ後の新規加入者数は、２００９年から２０１４年までは年に1～2人でしたが、２０１５年に農林水産省の事業に採択され、設備投資に補助金を活用できるようなったタイミングで一気に7人が加入しました。同時期に全国で加工・業務用キャベツの産地が増加し、新たな取引先の獲得が難しくなってきたため、現在は新規メンバーの受け入れを中断しています。

出荷数量は、1年目の２００９年に１８０トンであったのが、２０１５年には約４０００トン、直近の２０２０年には約７５００トンにまで拡大しています。２０１４年までは、コンテナ形態の取引は秋冬作（11月～翌年4月に出荷）のみでしたが、後述のように２０１５年からは夏作（5～7月に出荷）においても取引が行われるようになっています。

３　契約取引と数量順守

てつコン倶楽部のメンバーは、ルール上はレギュラー品とコンテナ形態のどちらにも出荷することが可能ですが、実際にはほぼすべてのメンバーが、既に全量をコンテナ形態で出荷しているか、あるいは全量に向けてコンテナ形態の割合を高めている状況にあります。レギュラー品とコンテナ形態は技術的な差異が大きいため、両方を同時に生産することは容易でないためです。

てつコン倶楽部では、秋冬作の場合、定植が始まる前の8月上旬ごろに、11月から翌年4月までの月別の納品予定数量をメンバーがJAに申し出ます。収穫期の直前の時点で若干の調整が行われますが、基本的にはメンバーは定植前に申し出た数量を順守する必要があります。

レギュラー品が箱単位での価格設定であるのに対し、コンテナ形態では集荷場で全コンテナの重量を計測し、kg単位での価格設定で取引されています。取引価格は安定しており、水準もレギュラー品の平年価格と比べ遜色ないものとなっています。卸売市場の相場が高騰しているときにはレギュラー出荷者との収入差は当然大きいものとなる反面、経営の安定性や計画性が高まることが、てつコン倶楽部メンバーにとって最大のメリットとなっています。

てつコン倶楽部では、一人ひとりのメンバーが事前に申し出た数量をスケジュール通りに納品するということが、驚くほど徹底されています。そのために、第一に、メンバーは契約取引にエントリーする数量を、自身のキャベツ作付面積の8～9割分にとどめておき、残りの部分は不作時の備えとしています。第二に、数量が足りないメンバーが出たときは、メンバー間の買い取りにより不足分を融通し合っています。第三に、それでも不足する場合、そのメンバーがレギュラー品を買い取ることで不足分を補填しており、このことはてつコン倶楽部の規約にも明記されています。加えて、規約には、万が一割り当て数量を納品できなかった場合には、てつコン倶楽部から除名となることも定められています。ちなみに、納品できず除名となったメンバーはこれまで出ていません。

ＪＡの契約取引において、個々の生産者の責任をここまで徹底しているケースは稀であると思われます。メンバーの契約履行意識も非常に高く、２０１８年には天候不順が相次いだなか、契約数量の納品を徹底したことが評価され、取引先の一つである大手カット野菜メーカーのサラダクラブから「優秀賞」の産地表彰を受けています。

4 試験研究活動

コンテナ形態のキャベツは、レギュラー品と比べて大玉に仕上げる必要があるなどの差異はありますが、普通に作るだけなら、キャベツ部会でレギュラー出荷を行っている一般の部会員にはそれほど難しいことではありません。しかしながら、11月から翌年4月まで、あるいは夏作にも取り組むのであればさらに7月までという長い期間にわたって、契約で決められた数量を決められた納品日に納め続けるとなると、話は違います。それも、秋冬作の納品予定数量の申し出の時期は前述のように8月ですから、11月の出荷でも3カ月前、4月の出荷となると半年以上前の時点で申し出た数量を、納品日ごとに確実に納め続けなければなりません。

そのためには多くの技術的課題を克服する必要があったことから、てつコン倶楽部では試験研究活動が活発に行われてきました。特に初期から参加しているメンバーは、ＪＡや部会にノウハウがないなか、手探りでこうした課題に取り組んできました。

例えば、キャベツは気温によって肥大の進み方が異なります。厳寒期にはほとんど肥大が進みませんが、その時期にも1玉1kg以上の大玉に仕上げて納品を行う必要があります。反対に暖かくなってくると一気に肥大が進みますが、肥大のスピードが速過ぎるとキャベツの外側と内側で肥大の進み具合に極端な差が生じてキャベツが裂球し、商品価値を失ってしまいます。これがレギュラー品の場合であれば出荷ができず見込んでいた収益が失われるということになりますが、てつコン倶楽部の場合は不足分を買い取って納品する必要があり、収益が失われるだけでなく、新たな費用も発生し一層大きな損失を被ることになります。

幸い、加工・業務用キャベツはマーケットが拡大しており、種苗業者も家計用需要向けとは異なる新品種の開発に力を入れていたため、毎年、何種類もの品種が新たに開発されていました。てつコン倶楽部では、そうした新品種を含め、さまざまな品種の試験栽培を行ってきました。同じ品種をメンバーごとに時期をずらして定植し、それぞれについて肥大性や在圃性（耐裂球性・耐腐敗性）、耐病性などのデータをとって、それをＪＡの営農指導員が集約・整理し、皆で検証していきました。年ごとの気象条件の違いによる影響をできる限り除去するため、試験栽培は各品種３年間ずつ行われました。多くの品種を試験栽培してきましたが、最終的に採用に至ったものはごく一部でした。

そうして、品種や栽培方法についての体系が徐々に組みあがっていくのにつれて、メンバーの納品の確実性が高まるとともに納品可能な数量も増加し、新規の取引も拡大していきました。試験栽培で得られた知見が一定の到達をみた段階でマニュアルも作成されました。現在、てつコン倶楽部では性質の異なる８つの品種が採用されています。それらを組み合わせた栽培の基本的な体系もできあがっていますが、圃場ごとに環境が異なるため、各メンバーが８品種の中から圃場の条件や時期に応じて適した品種を選択しています。

また、現在も次々と新しい品種が開発されているため、営農指導員やてつコン倶楽部メンバーが試験栽培のテーマを提案し、常時、試験栽培を継続しています。

5　経済連の営業活動

実需者との個別的取引でとりわけ重要となるのが営業活動であり、てつコン倶楽部の取引においてこの営業活動を担っているのが経済連の園芸部直販課です。同課には8人の職員が配置されています。品目ではなく取引先ごとに担当者をつけており、1人につき数社、多い職員で20社ほどを担当しています。

コンテナ形態のキャベツで同課が抱えている取引先は30~40社あり、カット野菜メーカーや冷凍ギョウザメーカー、外食企業などとなっています。このうち20社ほどがてつコン倶楽部のキャベツのユーザーとなっています。

取引では、同課の担当者が取引先と商談をまとめ、経済連自身が当事者として契約に参加しています。物流の手配についても同課が担当しており、JAから取引先の工場などへ直送しています。商流については、経済連が当該取引向けの青果物をJA（厳密には生産者）から一度買い取り、それを取引先へと販売する形となっています。生産者が契約数量を納品できなかった場合は、同課が代わりに卸売市場などから調達して納品を行なっています（注14）。したがって、経済連自らが価格変動リスクや在庫リスクを負っていることになり、ときには仕入価格と販売価格の逆ザヤが発生してしまうこともあります。

また、キャベツ本部が行う量販店との契約取引では、基本的にレギュラー品の一部を振り向けて対応するのに対し、直販課が取り組む加工・業務用向けの取引では、コンテナ形態のように栽培や荷姿をレギュラー品から変更する必要があります。そのため、何らかの事情で商品が余った場合、それを卸売市場へ出荷してさばくことは困難となります（第Ⅰ章で述べた「資産特殊な取引」）。このことは、経済連が負う在庫リスクを一層高めることになります。

このように、同課が取り組む加工・業務用向けの契約取引では、経済連が大きなリスクを負担しており、連合会として生産者とＪＡの利益に貢献していくという覚悟が伝わってきます。実際に取引に従事する同課の担当者のプレッシャーは、かなりのものであると考えられます。そのようななか、てつコン倶楽部については、生産者の意識と技術が高く契約数量の順守が徹底されているため、同課としても取引を行いやすく、取引先に対しても自信を持って提案できる産地であるといいます。

一方で他の産地では、市場相場の高騰時などに、生産者が契約取引に納める予定のものを卸売市場へと出荷し、数量が不足してしまうようなケースもあるといいます。そうしたことが続けば、取引先を失うことになりかねません。実際に取引先と契約を結んでいる経済連としても大変なリスクにさらされることになります。そうしたことを防止する一つの方法として、契約を結ぶにあたり、取引先を産地に招いて、生産者と取引先の顔合わせを行っておくことが効果的であるといいます。というのも、生産者は、経済連より先がどこに売られているかわからない状況ではモチベーションが高まらないのに対し、バイヤーの顔が思い浮かべば契約を守ろうというモチベーションが

（注14）てつコン倶楽部においては、前述の通り生産者が自ら調達し納品していますが、このようなケースは同課の取引の中で例外的なものとなっています。

生まれて数量が守られやすくなるといいます。てつコン倶楽部の場合も、毎年10回以上バイヤーが産地を視察に訪れ、生産者と顔を合わせています。

同課の現在の営業活動は、新規顧客の開拓も行っていますが、既存顧客との経年的な取引の商談と関係性の維持が主となっています。新規顧客の開拓では、価格勝負をしてくるところは避け、品質を評価してくれそうな相手をねらうようにしています。ただ、顧客の性格は事前にはわからないところがあるため、ひとまず取引を行ってみることも大事であるようです。

同課の営業活動は産地と実需者とを結びつけるものですから、ここまでみてきたような対外的な営業活動に加えて、対内的な営業活動、すなわち生産者やＪＡの側へのアプローチもまた重要な役割となります。同課の担当者は各ＪＡをこまめに（多い時期には同じＪＡへ毎週）訪問し、契約取引に参加する生産者と対面で打ち合わせを行ったり、圃場に足を運んで自身の目で生育状況を確認しています。それによって、正確な情報を把握して取引先に伝えるとともに、万が一の不足時にも対応できるよう備えています。

Ⅲ　革新志向の農業者の顧客適応

本章では、農業者が特定の実需者との取引にどのように適応しているのかを、３つの事例から描きます。そのなかでは、農業者と実需者との直接的なコミュニケーションが重要な役割を果たしていることを確認することができます。農協共販において農業者が特定の実需者と直接にやりとりを行っている事例はまだ珍しいため、後半では農協共販以外の事例からも実需者への適応やコミュニケーションの実像をみていきます。

1　加藤正人氏・彦坂年亮氏

（1）加藤氏の農業経営とてつコン倶楽部への参加経緯

加藤正人氏は、キャベツ、タマネギ、水稲を生産する農業者です（**写真左**）。第Ⅱ章でみたＪＡ豊橋てつコン倶楽部で加工・業務用キャベツのキャベツを生産しており、てつコン倶楽部の会長も務めています。農産物販売金額は約３５００万円で、キャベツが８～９割を占めています。キャベツは秋冬作のみ、作付面積は７haで、全量をてつコン形態で出荷しています。１年の中で契約取引の緊張感から解放される時期が必要であることや、秋冬作と夏作のどちらもキャベツでは飽きがきてしまうことから、夏作はタマネギを生産しています。労働力の構成は、加藤氏、妻、娘、娘の夫の計４人であり、雇用労働力は雇い入れていません。

加藤氏がてつコン倶楽部の取り組みに参加したのは２００９年で、最初期からのメンバーの一人です。その前年までは、キャベツの出荷はキャベツ部会でのレギュラー出荷のみでした。取り組みが始まる前の２～３年間に、キャベツ（レギュラー品）の市場相場が極端に安い状況が続いたことから、価格の安定化を期待しててつコン倶楽部に参加しました。部会員数が６００人を超える（当時）マンモス部会の中から、わずか９人しか参加しなかった設立メンバーの１人でした。

写真　加藤氏（左）と彦坂氏（右）（筆者撮影）

てつコン形態での取引によるメリットについては、第一に、収入の安定性と予測可能性が高まったことが実感されています。価格が安定していて、月別の数量も決まっているため、両者を掛け算すれば月ごとの収入をある程度予測できるのです。「契約取引では収入が安定するとともに、先の見通しを立てることができます。家庭でも家族が心にゆとりを持って生活できるようになりました」（加藤氏）というように、家族関係にも好影響がもたらされているようです。

メリットの第二は、コンテナ形態による収穫・選別・包装作業の省力化によるものです。10kg段ボール箱のレギュラー出荷では、収穫したキャベツを段ボール箱に詰め直す作業が必要ですが、1基に300kgが入るコンテナ形態では、圃場でコンテナに収穫してそのままの形で出荷することができます。これにより、収穫から出荷までの作業時間はレギュラー出荷の半分程度で済むといいます。加藤氏は空いた労力で経営規模の拡大を進め、作付面積は7haに拡大しています。

また、てつコン倶楽部参加前と比べ、余暇も増加しました。納品日が決まっていることに伴い、収穫等の作業の日取りも決まるため、「数カ月先でもプライベートの予定を入れられるようになった」（加藤氏）といいます。娘夫婦が就農を決めた要因の一つにも、こうした余暇の面の改善があったようです。

経営規模については、一層の拡大も考えていますが、現在、全国的な加工・業務用キャベツ産地の増加などの影響で需給が緩和し、てつコン倶楽部の取引数量が頭打ちとなっているため、見合わせている状況にあります。

（2）彦坂氏の農業経営とてつコン倶楽部への参加経緯

彦坂年亮氏は、加藤氏と同じJA豊橋てつコン倶楽部で副会長を務めており、加工・業務用キャベツと温室メロンを生産しています（前掲**写真右**）。農産物販売金額は約4000万円で、キャベツが7割強を占めています。キャベツの作付面積は秋冬作が6ha、夏作が2・8haで、彦坂氏も全量をてつコン形態で出荷しています。労働力の構成は、彦坂氏、妻、彦坂氏の父母の4人であり、雇用はいずれもパートで、キャベツで3人、温室メロンで2人となっています。

彦坂氏は2013年にてつコン倶楽部に参加しました。その前年までは、キャベツの出荷はキャベツ部会でのレギュラー出荷のみでした。参加前の数年間は、中国製冷凍ギョウザの残留農薬問題の影響で国産原料への切り替えが進んだことなどから、キャベツの市場相場が高水準で推移していましたが、彦坂氏はこの価格がいつまでも続くことはないだろうとみていました。子育ての真っただ中ということもあって安定した収入を特に必要としており、既に始まっていたてつコン倶楽部への参加を検討していました。参加するのなら、相場が上がっている今のうちから参加して少しずつ技術を習得し、相場の高止まりが終わるまでに、数量の大部分をコンテナ形態にできるようにしておこうと考え、2013年に同倶楽部へ加入しました。相場が好調であったこの年の新規加入者は彦坂氏だけでした。また、てつコン形態は余暇がとりやすいということを聞いていており、妻の農作業の休みを確保したいということも参加理由の一つでした。

てつコン形態のメリットについては、加藤氏の回答内容とほぼ同様でしたが、それらに加えて、収入の見通しが立てられることにより、農業機械などの投資がしやすくなることと、雇用（パート）を入れやすくなることが挙げられました。

また、省力化に関しては、妻が週2日の農作業の休みをとれるようになっており、これは「農家では通常はあり得ないこと」（彦坂氏）で、メリットとして強く実感されています。

（3）加工・業務用向け契約取引への適応

前述のように加藤氏はてつコン倶楽部設立時からのメンバーであり、部会で加工・業務用の生産や契約取引の先例がないなかで、現在のてつコン倶楽部の技術体系を作り上げてきた中心人物の一人です。また、彦坂氏が加入したときには、技術的な基礎が一定程度作られていたようですが、それでも課題はまだ残っており、彦坂氏も加藤氏らとともに試験栽培に精力的に取り組んできました。

てつコン倶楽部の設立当初、加藤氏らはレギュラー出荷をメインにしながら、その中の大玉のものをてつコン形態にして納品していました。ですがその方法では、厳寒期に、天候によっては大玉が確保できないことが度々発生していました。レギュラー品を買い取っても数量が足りないという事態も起こり、経済連が代わりに調達して納品を行った苦い経験も幾度かあったといいます（注15）。そうした事態を避けるためには、品種構成を加工・業務用に適した品種に変えていく必要があり、第Ⅱ章でみたように、てつコン倶楽部と営農指導員で試験栽培に力を入れてきました。その結果、加藤氏らはてつコン形態の割合を徐々に高めることに成功してきましたが、一方で初期メンバー9人のうち6人は、てつコン形態よりもレギュラー出荷の方がメリットが大きいとの判断から、てつコン倶楽部を抜けてレギュラー出荷専門に復帰しました。

その後、彦坂氏ら新規メンバーを迎えながら試験栽培が積み重ねられた結果、現在は厳寒期にも大玉を安定して確保することが可能となっており、経済連が代わりに調達するような事態は皆無となっています。

ただ、技術的に一定の到達をみた現在も、「(契約取引のシーズン中は) 身を切り裂くような思いでやらなければならない」(彦坂氏)、「シーズンが終わってようやく解放される」(加藤氏) というように、期間中は数量順守への強いプレッシャーに襲われていることが読み取れます。

てつコン倶楽部では、使用する農機具についても試行錯誤がなされています。例えば、納品日に確実に納品を行ううえで、雨天による作業日程の遅延は極力避けなければなりません。そこで、彦坂氏は、本来は水稲用である、タイヤの下部がクローラー (キャタピラ) になっているトラクターを導入し、キャベツ栽培に使用しています。これを使用すると、圃場が少々ぬかるんでいても畝を作る作業が可能となり、雨天が続くなかでも短い晴れ間を利用して作業を進めることが可能となります。また、彦坂氏は、水分を多く含んだ土であっても畝を作ることができる最新の成型機も使用しています。天候にかかわらず数量を順守するためには、新技術や、普通は行わないようなアイデアを取り入れていく必要があるということがわかります。こうして新たに試した農機具等については、てつコン倶楽部のメンバー間で情報を交換し合っているといいます。

(注15) 当時は試行錯誤段階であったことから除名の規定は設けられていませんでした。

さらに彦坂氏は別のメンバー1人からの誘いを受けて、2015年から夏作においてもてつコン形態の取引を開始しています。これは、実需者や経済連などから提案があったのではなく、もっぱらメンバー側からの強い要望で始まったものです。夏作ではキャベツの肥大が速すぎて裂球が発生しやすく、大玉に仕上げることには一層の難しさを伴います。裂球は納品日の数日前に突如として起こることもあるため、契約取引を行うにはリスクが高く、JAや経済連は取引に反対の姿勢を示していました。それでも、彦坂氏らが「買ってでも納品する。命がけで納品する」と並々ならぬ覚悟を示したことで、経済連が譲歩して取引先を1社確保し、2名のメンバーで取引が開始されることとなりました。

ところが、開始1年目は生育が間に合わず、最初の納品日から数量が不足し、彦坂氏は「知り合いの生産者に『畑1枚分キャベツを売ってくれ』とお願いして納品した」といいます。その後も、技術を確立するまではそういったことが度々発生しましたが、現在は数量を順守できるようになっており、秋冬作と夏作の両方に取り組むメンバーも、12人まで増加しています。夏作は難度が一層高い分、収益性も高い取引となっています。

このように、さまざまな新要素を積極的に取り入れて改善を重ねているてつコン倶楽部ですが、意外なことに、メンバー全員がそのようなことに積極的なわけではないといいます。特に、農水省の事業に採択された2015年に一気に新規加入した7人は、いずれも「努力家」である一方、技術は自身で発見するよりも教わることを好む傾向にあるということであり、初期からのメンバーほど革新志向は強くないように思われます。

このことについては、革新性の高い農業者が全体に占める割合はごく一部に限られ、そうした農業者はイノベーションを早い時期に採用する農業者（当該事例の場合、早い時期にてつコン倶楽部の取り組みに参加した農業者）に集中する、というロジャーズが明らかにした法則が、てつコン倶楽部においても妥当しているものと考えられます(注16)。この点については、改めて第Ⅳ章で若干の検討を行うこととします。

（4）顧客とのコミュニケーション

てつコン倶楽部では、実需者のバイヤーたちが、トータルで年に10回以上、同ＪＡを訪れて現地視察を行っています。その際、加藤氏や彦坂氏らてつコン倶楽部の役員が、ＪＡ職員とともに視察の対応を行っています。なかでも特徴的なこととして、彦坂氏はてつコン倶楽部の副会長職とともに広報担当を務めており、農業者と顧客とのコミュニケーションにおいて中心的役割を担っています。

「視察対応では、畑を案内して説明したら、そのままＪＡの会議室へ行って商談にも同席します。今後の出荷の見通しなど、生産者の目線からお伝えできることがありますし、数量が余りそうなときには『ぜひ買ってください、ちょっとでも空きができたら豊橋をお願いします』と売り込みを行っています」（彦坂氏）

「卸売市場の担当者さんは、やっぱり農家に気を使ってくれるのでそんなにきついことは言いません。対して、実需者のバイヤーさんは『ここがダメ』『あれがダメ』とズバズバ言ってくる。でも、言ってくれるからこそそれが改善のヒントになりますし、こういうふうに改善してみようと思いますがどうですか、と提案してみることもでき

（注16）こうした法則性の詳細についてはロジャーズ（２００７）を参照のこと。

ます」（彦坂氏）

また、加藤氏も視察対応の際にバイヤーと意見交換を行っています。あるカット野菜メーカーのバイヤーからは、てつコン倶楽部のキャベツは決して安くはないが、中身がぎっしり詰まっているので使用する玉数が少なくて済み、加工作業の効率が高まるため、十分に元が取れる、という情報が得られました。それ以降、加藤氏は視察対応の際に圃場でキャベツを切って見せ、中身の充実具合を訴求するようにしているといいます。

こうしたことから、特徴的な点として、視察対応や商談において、生産者だからこそ正確に伝えられる情報を伝えていること、生産者側から一方的に説明するだけではなく、実需者側からの評価やニーズの情報を得て生産に活かそうという姿勢が強く感じられること、ＪＡや経済連に任せきりにせず自らもキャベツを売り込もうとしていることが読み取れるでしょう。

彦坂氏は、正式に広報担当の肩書きがついたのは２０２１年からですが、それよりもかなり前の時期から、率先して視察対応や商談への同席を行っており、ＪＡ職員によれば、実質的な広報担当として活躍していたといいます。これについて彦坂氏に経緯を尋ねたところ、次のような回答がありました。

「最初は依頼を受けて何の気なしに対応していましたが、バイヤーさんと話していると、やっぱり顔見知りの関係になってくる。それで、情報交換や意見交換をするのが楽しいと思うようになってきました。例えば、改善すべき点を指摘されることの方が多いですが、そのなかでも自分たちのキャベツをほめてもらえると嬉しいですね。あとは、こういうキャベツが欲しいとか、そういう要望が業者によって違うのもおもしろい」（彦坂氏）

つまり、彦坂氏は最初から顧客に関心があったわけではなく、求められて視察対応などでやりとりを行ううちに、バイヤーと顔見知りの関係が形成され、顧客への関心が高まってきたということです。

関連して、顧客への関心事について加藤氏は、「加工業者からキャベツの加工の様子を教えてもらえたりしますが、そういったことも彼らとやりとりをするおもしろさだと感じます」(加藤氏)と述べています。

このような実需者とコミュニケーション機会について両氏は、てつコン倶楽部に参加しなければまったく機会がなかったと思う、と述べています。

さらに、てつコン倶楽部では、シーズン途中に経済連が新たな取引機会を得たときには、まずは各メンバーから出荷の希望をとることとしています。しかしながら、実際には、シーズン前からほとんどのキャベツの納品先が決まっているため、希望者がなかなか出ない場合が少なくありません。そういった場合でも、てつコン倶楽部ではその取引を断らず、すべて引き受けるよう徹底しています。それは、そうした新規の取引先の中から長く付き合える顧客が出てくる、という考えが共有されているためであるといいます。引き受けた数量の納品は、メンバー全員に割り振ってなんとか対応しているということです。

2　林農場

(1)　林農場の農業経営

林恒男氏は、野菜作の大規模経営体である林農場で代表を務める農業者です(**写真左**)。林農場は南関東の大園芸地帯に位置し、経営面積は施設野菜1・7ha、露地野菜7haとなっています。品目は施設キュウリ、施設大玉トマト、施設リーフレタス、施設コマツナ、露地ブロッコリーです。売上高は1億円超であり、施設キュウリがその7割程度を占めています。労働力の構成は、林氏と妻のほか、通年雇用として外国人研修生8人とパート1人、春夏期のみの季節雇用として4~5人を雇い入れています。

林氏は高校卒業後に親元就農し、就農から17年ほどを経て1999年ごろに経営を継承しました。そのときの売上高は約2500万円でした。継承後、林氏は1年に1000万円近くのペースで経営規模を拡大してきました。2010年代なかごろからは積極的な拡大路線から転換しており、以降は周辺の生産者からの耕作依頼の引き受けによる小幅な拡大を継続する状況となっています。林氏は路線転換の理由について、自身が生産への思い入れが強く、生産面に従事する時間や生産面のこだわりを大切にしたいと考えており、これ以上の拡大によってマネジメント業務に忙殺され生産への関与が難しくなることを回避したいためであると述べています。

近年はJGAPを実践し認証も取得していますが、これについて林氏は、よく言われるように認証が販売価格の上昇につながっておらず、認証の取得に要したコストを回収できていないと感じています。

写真　林氏（左）と妻の淳子氏（右）（筆者撮影）

（2）販売経路および農協共販との関わり

林農場では、農協系ではない3つの共同販売組織（産直組織など）を通じて農産物を販売しています。取引では、基本的に共同販売組織の先の実需者が特定されています。実需者との契約は共同販売組織が行い、林農場はそれら実需者の要望を踏まえて生産を行ったうえで、野菜を共同販売組織へと販売し、共同販売組織が実需者に販売するというのが基本的な流れとなります。共同販売組織の先の実需者や用途をトータルでみると、林農場の野菜の8割強は家計用として生協などの小売店に仕向けられ、残る2割弱はカット野菜や冷凍野菜といった加工・業務用向けに仕向けられています。

林氏の父はもともと地元ＪＡの生産部会に所属して農協共販を行っていましたが、林氏に経営を移譲する数年前に、農産物が足りないため出荷してほしいと依頼を受けたことがきっかけとなり、ＪＡ出荷と併行して、前述の共同販売組織の一つへ出荷を開始しました。そこでは実需者との契約取引を行っており、林氏の経営でも顧客の要望を踏まえた栽培や荷造りに着手することとなりました。

一方、地元ＪＡの生産部会では、全量をＪＡに出荷している部会員とＪＡ以外にも出荷を行う部会員がおり、部会において徐々に後者への不満の声が聞かれるようになっていました。

そのようななか、林氏は父から経営を引き継ぐと、しばらくは生産部会の支部役員を務めていましたが、前述の不満の声があるなかで、ＪＡ以外へも出荷を行いながら支部役員を務めることは好ましくないと判断し、生産部会を脱退しました。

脱退後、林氏が懇意にしていた当時のＪＡ職員は、林氏に対し農協共販への復帰を粘り強く働きかけてきました。このとき、既に林氏は前述の農協系ではない共同販売組織において、スーパーマーケットや生協などの実需者との契約取引や商談を経験し、そうした取り組みの必要性を痛感していました。そのため、このＪＡ職員からの働きかけに対し、今の農協共販のあり方では有利販売は難しいという危機感を伝えるとともに、いくつかの提案を行いました。それは、小売店などとの契約取引に取り組んでほしいということや、買い手に接近して関係性を築くため都内にＪＡ職員を駐在させ営業活動に当たらせてほしいこと、ＪＡに直接取引のノウハウがないのであれば、部会の出荷数量のごく一部で良いので自分に販売を任せてみてほしいことなどでした。こうした提案を受け、職員も行動を起こしたようですが、結果的に林氏の提案はいずれも取り入れられることはありませんでした。

現在、林氏は農協共販組織には所属しておらず、ＪＡへの出荷も行っていません。ただ、林氏はＪＡについて「農協は総合事業によって地域に貢献していると思います」（林氏）と述べており、ＪＡの事業についてポジティブな見方をしています。

また、林氏は過去に地元のスーパーマーケットとの直接取引にも取り組みました。ただ、各店舗への配送に時間を取られる割にメリットはあまり大きくなかったため、現在は取引を終了しています。

（3）顧客とのコミュニケーションと適応

前述のように、林氏は経営を引き継ぐ数年前から、農協系ではない共同販売組織において実需者との契約取引に取り組んでおり、継承後に地元ＪＡの生産部会を脱退してからはそれらの共同販売組織における契約取引を本格的に拡大してきました。

この契約取引については、ＪＡ出荷時にはなかった新たな作業が必要となるため、最初のうちは面倒だと感じることが多かったといいます。

共同販売組織では、ＪＡ出荷では経験することのなかった、スーパーマーケットや生協のバイヤーとのやりとりの機会がありました。特に、バイヤーの視察対応を任されるようになったり、品目別グループのリーダーとなって、商談への参加や、誰がどの顧客向けの生産を行うかの調整を行うようになると、そうした機会は増加しました。そのようななかで、バイヤーとも付き合いができ、生産者への要望や生産についてのヒントとなる情報が得られるようになりました。

「バイヤーとのやりとりのなかでは、どの時期にどこが何を求めているかという情報を得ることができます。また、彼らはいろいろな産地と取引をしており、他産地のケースなどから、生産の改善や販売方法に関するヒントが得られ、自分が何をすべきかということの気付きがありました」（林氏）

林農場では前述のように多彩な品目の野菜を生産していますが、その作業や技術の体系は既に一定程度完成した状態にあると林氏は捉えています。そこに至る過程では、林氏は新しいことを取り入れて試行錯誤を繰り返してきており、特にバイヤーからの需要情報に対応し取引を拡大することに注力してきたといいます。例えば、ブロッコリーなどの新品目の導入や、それまで作付のなかった時期の作付、集約的な施設栽培しか経験がなかったなかでの大型機械導入による大規模露地栽培への挑戦、まだ普及していなかった早い時期における温度管理の自動化技術(いわゆる環境制御技術)の導入、収穫適期と納品日とのずれに対応するための予冷庫の導入、包装の仕方の変更などが挙げられます。林氏は、そうした諸々の取り組みが「林農場の技術体系を作り上げるもとになりました」と述べています。

また、「そのようにバイヤーからヒントを得ていくなかで、自身のアンテナが機敏になったり、もっと外に目を向けることができるようになったと思います」「農協だけに出荷している人は、情報が入ってこないので、取り組むべきことがなかなかわかりにくいのではないか」(林氏)というように、バイヤーとのコミュニケーションの経験の蓄積は、情報のインプットにかかる林氏の姿勢にも変化をもたらしていることが読み取れます。

契約数量の順守については、出荷量の見込みに対し契約数量を8割程度に抑えており、数量の順守にも力を注いでいますが、どうしてもものがないときには顧客側が代替品を調達して対応することもあり、「相手にわがままをきいてもらっている面もある」(林氏)と述べています。

その一方で、商談の場では、「その価格では再生産ができない」といった、生産者として実需者に伝えて理解してもらうべきことは、自ら伝えるようにしてきたといいます。

「これまでも今も、コストを下げつつ収量を確保するための生産技術の習得には力を入れています。一方で、資材費や人件費が上昇していますが、それらを農産物価格に反映させることは難しい状況が続いています。特に、国際情勢の影響を受けた最近の生産資材全般の価格高騰は、生産者の経営努力で対応できる範囲を超えている。消費者に近い位置にいるスーパーなどの実需者には、農業のそうした実状を消費者へ伝えることに力を貸してほしいと期待していますし、私も働きかけを続けていきたいと考えています」（林氏）

3　しげきよ農園

（1）しげきよ農園の農業経営

重清信夫氏はしげきよ農園の代表を務める農業者です（**写真**）。しげきよ農園は、中国地方で施設イチゴ作を行う家族農業経営体です。経営面積はハウス31ａ（高設栽培）、売上高は約１８００万円で、生食イチゴが１００％を占めています。農業労働力の構成は、重清氏と妻の２人で、一部の農作業について近隣の障がい者福祉施設へ業務委託を行っています（作業時間２００時間分程度）。

重清氏は大阪府出身で、大手小売企業に15年近く務めた後２００３年に退職し、妻の実家がある中国地方のとある市でイチゴ栽培の研修を２年間行い、そのまま当地で農業経営を開始しました。

しげきよ農園では、「創造・革新を取り入れた誠実なモノ作りを通して、安心・健康・満足を顧客・地域に伝え、信頼される経営活動」という経営理念を掲げています。新しいことの追求については、この理念にあるように「創造」や「革新」を大切にしており、「新しいことに取り組むことにはリスクを伴うが、一方で現状を維持するこ

写真　重清氏（ご本人提供）

とにもリスクは存在している」（重清氏）という考えも有しています。

生産面では、収量向上と作業負担軽減に有効な独自の施肥技術「ＳＫＳＫＴＡＧ施肥技術」を作り上げるとともに、イチゴの最大の需要期であるクリスマスおよび年末に出荷量を高める苗の技術「ＦＫ手法」を導入するなど、確実に生産性の改善につながる課題に焦点を当てて新技術の導入や試行錯誤に取り組んでいます。

経営管理では、１年を52週に分け、作業時間を32項目に分けて記録し、時間当たりの労働生産性を算出する人時生産性管理を実践しており、生産性を低める原因となっている時期や作業を特定して、前述の技術面の取り組みなどによって効率改善に取り組んでいます。

経営規模については、１haを適正規模と予測しており、今後、その１haまで拡大していくことを目指しています。２０１０年には、経営を行うハウスとは別に、補助金を受けて障がい者福祉施設との「コラボハウス」を設置し、障がい者への就業機会の提供と作業技術向上に向けた支援を行っています。

また、重清氏は就農希望者の支援組織である「新・農業人ネットワーク」の会長を務めており、東京や大阪で開催される「新・農業人フェア」で就農希望者の相談対応を行ったり、短期研修や農業体験を多数受け入れています。

（２）販売経路および農協共販との関わり

しげきよ農園では、イチゴの約６割を、仲卸業者経由で大手スーパーマーケットの県内店舗に出荷しているほか、約３割を農産物直売所１店舗へ出荷しています。残る約１割は、地元の菓子店への販売、学校給食向けの出荷、ふるさと納税の返礼品となっています。

経営開始後の2年間ほどは、地元ＪＡの生産部会に所属し、イチゴの7割をＪＡ出荷していましたが、部会の全量ＪＡ出荷の要請に対応することが難しく、部会を離れ、農協共販から離脱することとなりました。

重清氏は、ＪＡ出荷に代わる販売先として、現在の取引先を含むスーパーマーケット4社と新たに商談をまとめ、2年の間、イチゴの7割を卸売市場経由でこれら4社へ出荷しました。その際、地元ＪＡで懇意にしていた営農部長から、「部会は残念になったが、農協との付き合いは続けてほしい」と依頼されたことから、これらのスーパーマーケット向けの取引はすべてＪＡの伝票を通して出荷を行いました。その後、4社のうち現在の取引先であるスーパーマーケットと協議を行い、仲卸業者のみを介して同社と取引を行う現在の形に移行しました。

地元ＪＡに対しては、「けんか別れしたわけではなく、今はたまたま取引する機会がないという認識」（重清氏）を持っています。他のＪＡのイチゴ部会から視察依頼が入ることもあり、快諾しています。

（3）顧客とのコミュニケーションと適応

重清氏は、前職で小売企業に長く勤めていたこともあり、後述の取り組みからも読み取れるように、流通関係者とのコミュニケーションのポイントを熟知しており、コミュニケーション自体の重要性についても当たり前のように認識しています。ただ、農産物の契約取引では、数量を順守し安定的に出荷することが大前提であり、コミュニケーションや営業活動がいかにうまくとも数量が守れなければ取引はうまくいかないといいます。加えて、「経営開始当初から今に至るまで『良い農産物を作りたい』ということが最終目標であり、それは今後も変わらない」(重清氏)と述べています。

また、重清氏は取引相手である実需者だけでなく、後述のように、小売店舗で買い物を行う消費者も強く意識しています。顧客志向も強く、「買い手の要望に応える以外の選択肢はない」(重清氏)との考えを有しています。

スーパーマーケット向けの出荷では、仲卸業者を介していますが、前述のようにこの取引はもともと重清氏が同社と商談をまとめたことから出発しており、現在も重清氏は同社のバイヤーと直接のやりとりを頻繁に行っています。

重清氏によれば、スーパーマーケットなどの小売企業との関係性を強化するうえでは、「バイヤーの顔を立てる」ことが重要となります。例えば、重清氏は、そのバイヤーの管轄する新店がオープンする際には、店舗でイチゴの試食宣伝を実施しています。新店オープンの日はバイヤーの上長や取引先が店舗を訪れることが多く、農業者が試食宣伝を行っていると店舗が盛況となり、バイヤーに喜ばれるためです。このように、バイヤーの会社内でのポジションが有利になるような支援を行うことは、小売企業と直接取引を行うJAの営業担当者にも重要な視点であると重清氏は指摘します。

また、重清氏は、同社の店舗のパート従業員の研修受入にも取り組んでいます。研修は、年1回程度、各店舗で青果を担当するパート従業員15人ほどを農園へ招き、圃場で生産面のこだわり等について説明するとともに、自由にイチゴを試食してもらいます。研修の後半は雑談タイムとしています。こうしたことを通じて、しげきよ農園のイチゴの魅力を伝えてファンになってもらい、店舗での有利な陳列を引き出したり、買い物客に魅力を発信してもらったりすること、さらにはパート従業員自身にもイチゴを購入してもらうことをねらっています。パート従業員を対象としているのは、２～３年で異動してしまう正社員よりも、長ければ10年以上も同じ店舗に勤務するパート従業員を対象とする方が効果が高いためであるといいます。

重清氏は、店舗での買い物客についても明確なターゲット設定を行っており、特に、その店舗のパート従業員に、勤務終了後に購入してもらうことを最重要視しています。

また、納品先や他社の店舗などを自ら訪れ、イチゴの状態や陳列方法、価格帯などの調査も行っています。その結果、重清氏は「当地域でイチゴの売れ行きのスイッチが入る価格は３９８円」であると確信し、資材業者の協力を得て、この価格で販売できる量目で最もボリューム感が出る容器を研究し、新しいアイテムとしてバイヤーへと提案を行いました。現在、このアイテムはしげきよ農園の一番の主力となっています。

顧客志向については、重清氏は、「農業者の多くは生産者としての視点しか持っていない」と感じています。例えば、スーパーマーケットでは、イチゴのボリューム感が出て最も売れ行きが良くなる陳列方法として、45度や70度の傾きをつける陳列が行われますが、一般的なパック詰めの方法だと、こうした陳列方法ではパックの中でイチゴが動いてしまい、外観を損ねたり傷みの原因となったりしてしまいます。このことについて、店舗での陳列方法を知っている生産者は店舗に対し不満を抱いていることが多いようですが、重清氏は「その生産者が店舗での陳列方法に合わせようとしていないことの方が問題」であるといいます。加えて、この問題については、重清氏はＪＡ

出荷を行っていたときに、ＪＡに対し、店舗で斜めに陳列されることを前提とした容器に変更することを何度か提案しましたが、採用されるには至りませんでした。

Ⅳ　マーケットを見据えて革新する農協共販であるために

本章では、ここまでみてきた事例をもとに、顧客に適応し競争力を高めていくための農協共販のあり方について、革新志向の農業者に着目して考察します。

1　革新志向かつ顧客志向の農業者の重要性

第Ⅲ章では、農業者個人による、顧客に適応するためのさまざまな実践をみてきました。それぞれの事例における取り組みを改めて整理すれば、次のようになるでしょう。

ＪＡ豊橋のてつコン倶楽部に所属する加藤氏および彦坂氏の事例では、生産面において、加工・業務用キャベツの導入、数量順守や出荷期間延長のための品種・作付体系の構築、新しい農機具の導入が行われていました。また販売面においては、視察対応や商談におけるバイヤーとの直接的なコミュニケーションが行われていたほか、ＪＡに対する、取引の夏作への拡大の働き掛けも行われていました。

林農場の事例では、生産面において、新品目の導入、品種・作付体系の構築、環境制御技術の早期導入、予冷庫の導入などが行われており、販売面では視察対応や商談におけるバイヤーとの直接的なコミュニケーションが行われていました。

しげきよ農園の事例では、生産面において独自の施肥技術の開発、新しい育苗技術の導入、新しい容器の導入が行われており、販売面では視察対応や商談におけるバイヤーとの直接的なコミュニケーション、顧客企業の従業員研修の受入、バイヤーの店舗運営の支援、店舗調査やそれを踏まえた価格設定が行われていました。

これらの実践を見れば、第Ⅲ章で取り上げた農業者たちが高度に革新志向であることは明らかでしょう。

革新志向の農業者は、今も昔も、おそらくは一定の割合で存在している（いた）ものと考えられます。これまで産地の改善やイノベーションにおいて中心的役割を果たしてきたのも、このような革新志向の農業者であったと考えられます。

その一方で、従来の農業では、いわゆる「良いものをつくる」ということが良しとされてきたものの、それはときに「売れるもの」と乖離しがちであったこと（注17）や、「売れるもの」自体が変化しているのにそれに対応できていないこと（注18）などが、農業者から問題提起されてきました。

（注17）例えば、木村（２００１）では、生産者が技術面の追求に偏り過ぎることについて、「技術は深みにはまると現実とは違う趣味の世界」になるのであり「技術に走ると倒産する」という指摘が、農業者からなされています。木村（２００１）２５５頁。
（注18）例えば、前述の嶋崎氏は、「今まで農家は、野菜や果物の形や味、サイズにこだわってきた。それが『良いもの』を提供することだと信じてきた。最終的な顧客が個人の消費者であるなら、それは間違いとは言えないが、ファミレスなどの外食産業、ファーストフード、コンビニが取引先になるという視点を持てば、『良いもの』は変わってくる」という指摘を行っています。嶋崎（２０１２）１１０頁。

対して、本書で取り上げた農業者たちは、生産面で新しい要素や変化を積極的に取り入れていましたが、それらは特定の顧客のニーズに即したものとなっており、加えてその特定の顧客とはいずれも実需者でした。つまり、彼らは高度に革新志向であると同時に、顧客志向でもあるということです。これが、本書で取り上げた農業者たちの最も注目すべき特徴といえるでしょう。

2 「顧客志向」が強まるメカニズム

(1) 農業者個人から見た取引の基本サイクル

では、彼らはどのようにして顧客志向となったのでしょうか。この点について、第Ⅲ章でみてきた事例をもとに模式化したのが**図4**です。

同図では、左側に取り組みの中での農業者の行動や農業者に起こった変化（学習）の流れを、右側にはその流れの中でＪＡ・連合会（または産直組織）が果たした機能

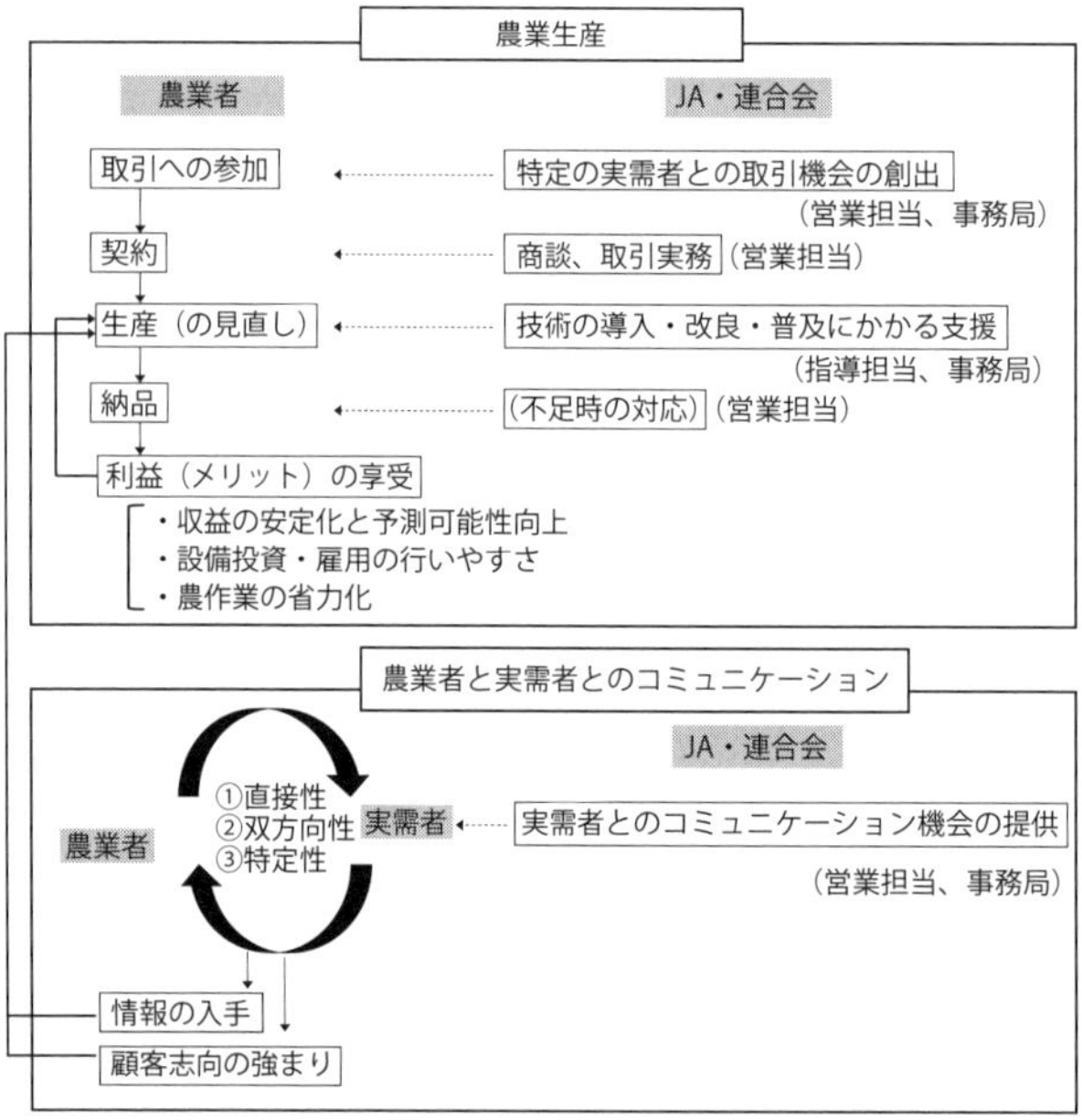

図４　実需者との個別的取引を通じた農業者の学習とＪＡ等の機能

注：１）契約取引を念頭に置いている。
２）JA・連合会の箇所の括弧内は、その機能を中心的に担うと考えられるＪＡ・連合会の担当者を指している。「指導担当」は営農指導担当、「営業担当」は営業・販売担当、「事務局」は生産部会・小グループの事務局。

を、それぞれ記しています。図の右側の内容は、各段階においてＪＡや連合会に求められる役割であるといえるでしょう。なお、実際にはこれらの関係性はもっと複雑なものですが、図では細部を省略し単純化しています。

まず、図の上半分をみてください。ＪＡまたは連合会が対外的な営業活動を通じて特定の顧客との個別的取引の機会を確保し、生産者へと提案します。取引への参加者が確保できれば、実需者との間で契約が締結されます。

実需者との個別的取引ないし契約取引に適応するには、生産者がそれまで行っていたレギュラー品対応から、新しい要素を取り入れたり変更を加えたりする必要がある場合がほとんどです。そのため、参加者のうち革新志向の農業者が中心的役割を果たしながら、こうした取引に適応するための改善・イノベーションに取り組むことが重要となります。それは、例えば契約通りの納品を確実に履行するために新しい品種や機械・設備を導入したり、それを使いこなすために改良を加えたり、といったことです。こうした改善やイノベーションを起こすことができなければ、取引がうまくいく可能性は低くなるでしょう。

そして、農業者は作物を栽培し契約通りに納品して取引を履行し、取引による利益（メリット）を享受します。改善・イノベーションによって生み出された付加価値が高いほど、得られる利益（メリット）も大きくなりやすい関係にあります。ここで十分な利益が実感されなければ、農業者は取引の継続を望まなくなるため、取引が持続的なものとなることはないと考えられます。

享受される利益（メリット）として、事例では、安定的で予測もしやすい農業収入、それによる雇用や投資の行いやすさ、省力化による労働時間の短縮や農繁期における休暇の確保、規模拡大による農業所得増大などが実感されていました。これらは経営面で実感されている利益ですが、その結果として生活面においても経済的な不安が低減され家族内の関係性が良好になったというケースもあり、間接的な利益として重要なものでしょう。

同図では、便宜的に利益（メリット）の享受を納品の後に配置していますが、享受される可能性のある利益として挙げた事柄を見てもわかるように、実際には享受のタイミングは納品後に限られません。

ここまで（同図の上半分）が、取引の基本的な流れとなります。その後は、また契約に戻り、同様のサイクルが繰り返されることになります。生産については、1年目の反省をもとに改善が目指されることになります。生産者が享受したメリットが大きいほど、生産（の見直し）へのエネルギーも大きくなるでしょう。

（2）短期的な成功と中長期的な停滞

さて、こうした取引が顧客やマーケットのニーズに即したものとなるためには、生産者（生産部会・小グループ）と顧客とをつなぐＪＡの営業活動が重要となります。取り組みの初期では、ＪＡは取り組みに特に注力しており、営業担当者は生産者（生産部会・小グループ）や営農指導担当者、部会事務局と緊密に連携しながら、顧客の要望を丁寧に把握・伝達して取り組む可能性が高いため、取り組みが顧客やマーケットのニーズから乖離することは考えにくいでしょう。

しかしながら、こうした取引がルーティン化すると、生産のあり方は硬直化していくおそれがあります。顧客やマーケットのニーズは刻々と変化するため、生産のあり方の硬直化は、取引の継続を困難にしたり、新しい取引機会を喪失させたりする可能性があります。そうしたなかでも、革新志向の農業者は個人レベルで新しいことを追求するかもしれませんが、それが顧客やマーケットのニーズを意識したものとなるとは限らないでしょう。

加えて、農協共販組織による契約取引では、不足時の対応を最初から生産者側が行うような形はなかなか想定しづらく、そうした対応をＪＡや連合会が行う形で取引が開始されるケースが多いとみられます。そうしたケースでは、おそらくそのままでは、生産者の中に、自分たちの責任で契約数量を順守する（買い取りによる納品を含む）という意識が育つことはないでしょう。そうした意識が醸成されないままでは、生産者による納品の不履行とＪＡや連合会による代替品の調達が頻発する可能性が高いといえます。そのような状況では、ＪＡや連合会が負担する損失（買い取りでの納品による逆ザヤ）や労力が大きく、取り組みの持続性は低いといわざるをえません。

以上のように、取り組みの初期における一時的な成功だけでなく、生産のあり方が顧客やマーケットのニーズの変化に順応していけるように、あるいは契約数量順守の意識が生産者に醸成されていくように、といった動的な観点でみてみると、同図の上半分（農業生産領域）の仕組みだけでは不十分であることがわかるでしょう。

⑶　農業者と実需者とのコミュニケーション①　コミュニケーションの形態

そこで重要となるのが、図の下半分、すなわち顧客とのコミュニケーションです。つまり、ＪＡの営業担当者だけでなく、農業生産とそこでの改善・イノベーションの当事者である農業者自身が、顧客と直接的にコミュニケーションをとるということです。

革新志向の農業者であったとしても、最初から顧客志向であるわけではありません。ＪＡ豊橋の彦坂氏のケースでは、バイヤーとの直接的なコミュニケーションを繰り返すうちに、顔見知りの関係が形成され、顧客志向が強まっていきました。また林氏のケースでは、農協系ではない共同販売組織で実需者との契約取引向けの出荷を開始した当初は、新たな作業が増えて面倒と感じていましたが、共同販売組織内の役割でスーパーマーケットなどのバイヤーと関わりを持つなかで特定のバイヤーと付き合いができ、彼らとのやりとりから生産へのヒントが得られると、それを自身の経営に積極的に生かすようになりました。

これらの事例からは、農業者の顧客志向を強めうる、実需者とのコミュニケーションのあり方の特徴が見て取れます。それは、第一に直接にコミュニケーションが行われること（直接性）、第二に双方向のコミュニケーションであること（双方向性）、第三に農業者と顧客とが互いに相手を個人レベルで識別していること（特定性）です。特定性についてはややわかりにくいかもしれませんが、事例においては、特定のバイヤーとの「顔見知りの関係」（彦坂氏）や「付き合い」（林氏）が築かれたなかで顧客志向が高まっていったことがうかがわれるため、重要な点であると考えられます。

これらについて考えるうえでは、例えば部会や小グループの全体会議にバイヤーが参加しているような場面と比較するとわかりやすいでしょう。そこでは、農業者と実需者とのコミュニケーションは直接的なものであるとしても、双方向のやりとりは限られ、双方が相手を個人レベルで識別する程度も弱いでしょう。双方向のやりとりが少なければ、自身にとって有用な情報を引き出したり、自身が相手に知ってほしいことを伝えたりすることは難しくなります。また、相手を個人として見ていなければ、相手への心理的な共感は生まれにくくなります。

このように、農業者と顧客とのコミュニケーションにおいては、直接的で、双方向で、顔見知りの関係につながるようなコミュニケーション機会、つまり対面かつ少数でのコミュニケーション機会を確保することがポイントとなるといえるでしょう。

（4）農業者と実需者とのコミュニケーション②　コミュニケーションの内容

次に、コミュニケーションの具体的内容についてもみてみましょう。事例で確認されたバイヤーとのコミュニケーションの内容は、ニーズや評価について話を聴く、生産の当事者だからこそわかる情報を提供する、生産者の立場から知ってほしいことや要望を伝える、といったものでした。

そして、事例からは、そうしたコミュニケーションを通じて農業者に、①改善・イノベーションのヒントとなる情報を入手する（有用な情報の入手）、②顧客とのコミュニケーションからは有用な情報が入手できるということを実感する（情報源としての重要性の理解）、③バイヤーへの親しみがわいたり、相手にも事情がある中で双方が譲歩し合って取引が成立していることを肌で感じたりすることで、契約内容や顧客の要望への適応の意欲が高まる（適応意欲の高まり）[注19]、といった変化、もっといえば学習が起こっていることがうかがわれます。

（注19）第Ⅱ章でみたように、ＪＡあいち経済連でも、両者のコミュニケーション機会を設けることが、契約順守のコツであるとして指摘されていました。

これら①〜③の学習のうち、①は改善やイノベーションに役立てられるのに対し、②と③は顧客志向を高める方向に作用するものでしょう。つまり、顧客とのコミュニケーションは、一方で農業者にとって改善やイノベーションに有用な情報をもたらし、他方では農業者の顧客志向を高める、という効果が期待できると考えられるのです。

こうした農業者と実需者との直接的なコミュニケーション機会（同図の下半分）を、取り組みのルーティンの中に組み込む必要があります。これは、一般的な取り組みは同図の上半分のみで生産者が顧客から切り離されてしまっているため、その断絶を解消するということです。具体的には、事例でもみられたように、農業者によるバイヤーの視察対応や、商談への同席といった形が想定されるでしょう。

それにより、革新志向の農業者を中心に、生産の改善やイノベーションが継続するとともに、それが顧客やマーケットのニーズに即したものとなりやすくなると考えられます。そうして農協共販組織の競争力が高まれば、農業者が取引から享受する利益（メリット）も大きくなるでしょう。

（5）契約取引における不足時の対応のあり方

ここで、契約取引における不足時の対応についても言及しておきます。対応のあり方として理想的なのは、取り組みの初期から、割り当て数量の納品は生産者の責任で対応するというルールを徹底しておくことでしょう。

当然ながら、このような取引のハードルは高く、対応できる農業者は限られてしまいます。広く参加できる取り組みにしようとする結果、ひとまずはＪＡまたは連合会が対応の責任を負うかたちでスタートしているケースが多いのでしょう。

ですが、前述のように、後々になって生産者が責任を負うかたちに変更しようとしても、生産者に受け入れられないことは十分にありえます。だからといってそのままＪＡや連合会が責任を負うのでは、持続性は低いものとなるでしょう。

落としどころは難しいですが、例えば、「取り組みの初期は例外的にＪＡや連合会が不足時の対応を行うが、いずれは生産者の責任に移行する、生産者はそれまでに技術を確立する」という合意を得てからスタートするということではないでしょうか。

(6) 生産技術あっての顧客適応

ここまで、農協共販において農業者がマーケットに目を向け顧客とコミュニケーションをとることの必要性を強調してきましたが、ここで一つ付言すべきことがあります。それは、第Ⅲ章で取り上げた農業者に共通することとして、顧客志向であると同時に、生産面の技術やこだわりをより重要なものと認識しており、そのレベルアップへの努力を惜しんでいなかったということです。

実需者への営業活動や直接取引を実践する農業者が珍しい存在でなくなりつつあるなかで、特に若い世代の農業者では、販売面に力を入れるあまり生産面がおろそかになっているケースが散見されるとの指摘がなされています(注20)。顧客とのコミュニケーションの重要性は揺るぎませんが、それも顧客のニーズや契約取引に適応できるだけの技術力とそのレベルアップを目指す意識が前提条件であるということは、見落としてはならない点でしょう。

3　革新志向の農業者との関係維持

続いて、革新志向という点についても若干の検討を行います。ＪＡ豊橋の事例でもみられたように、農協共販組織が顧客へ適応するなかでは、革新志向の農業者が中心的役割を果たすことが少なくありません。しかしながら、ロジャーズ（２００７）が明らかにしており、また同事例からも確認されたように、革新志向の農業者は常に全体のごく少数にとどまります。したがって、農協共販組織にとって、革新志向の農業者は重要かつ貴重なリソース（人材、人的資源）であるといえます。

また、革新志向の農業者を増やす（割合を高める）ことも容易ではありません。というのも、個人のパーソナリティの構成要素を説明する代表的なモデルであるクロニンジャーの7因子モデルにおいて、新しいものごとを求める傾向である「新奇性追求」は遺伝的な影響を強く受ける因子であることが明らかにされています（注21）。もちろん、生まれた後の環境や教育からも影響を受けますが、それは相対的に弱いことがわかっています。まして、（たとえ新規学卒者であったとしても）就農時点である程度の年齢に達している農業者において、営農活動やｏｆｆ－ＪＴなどによってそうした資質を高めることの困難さはいわずもがなでしょう。

このように、革新志向の農業者は重要で、数が少なく、新たに増やすことも困難である、ということを踏まえれば、ＪＡや生産部会は、こうした農業者との関係維持に最大限の努力を払う必要があることは明らかでしょう。

しかしながら、林農場のケースやしげきよ農園のケースでは、農協共販組織がこれら革新志向の農業者との関係を維持し続けることができず、彼らが組織から退出する結果となっていました。第Ⅲ章でみたように、現在、林氏や重清氏は技術面や経営管理面で革新的な取り組みを行っており、実需者への対応においても高度な実践を行い成果をあげています。こうした農業者が農協共販組織にとどまり続けていれば、JA職員が彼らから知識やノウハウを学んだり、彼ら自身が生産技術や販売・営業活動において改善・イノベーションを主導することで、農協共販組織の競争力が大きく高められるような展開も十分にありえたように思われます。

一方、JA豊橋の場合、こうした革新志向の農業者との関係が今も維持されています。JA豊橋の事例では、てつコン倶楽部に参加しているのはキャベツ部会員のごく一部にとどまっていました。このように、革新志向の農業者がもたらした改善・イノベーションの影響範囲が限定的であるようなら、革新志向の農業者との関係維持に注力する意義は小さいように思われるかもしれません。

しかしながら、ロジャーズが明らかにしているように、イノベーション（本書の定義では改善およびイノベーション）の普及では採用時期に個人差がみられるのであり、多数派は初期の採用者から一定程度遅れてから採用を行い

（注20）多数の大規模な野菜作経営体が参加する販売組織の経営者である木内氏は、親世代が「苦労して生産から販売までの一貫体系を作ってきた家族経営」において、子が「作るほうより売るほうに専念しているケースが多い」という実態を指摘し、「いくら販売に優れていても、作るものが優れていなければ商売はお手上げである」という問題提起をしている。木内（2016）206～207頁。
（注21）木島ほか（1996）。

ます(注22)。つまり、革新志向の農業者との関係性が維持されてさえいれば、時間経過に伴い、彼らが起こしたイノベーションを多数派の農業者たちが徐々に採用していく可能性は十分にあるのです。

ＪＡ豊橋のケースでも、てつコン倶楽部への新規加入希望者は存在しています。現在は加工・業務用キャベツ生産に取り組む産地が全国的に増えて新たな買い手の確保が困難になったために受け入れを停止していますが、何らかの要因で需給状況が改善されれば、門戸は開かれるのであり、キャベツ部会のレギュラー出荷者の中から徐々に参加者が増えていく可能性は高いでしょう。特にレギュラー品の価格が下がったときには、それがトリガーとなって参加希望者が一気に増加すると考えられます。新規加入を希望する生産者のすべてが契約取引に適応できるわけではないとしても、適応できる生産者が少なからずいることも間違いないでしょう。

もしＪＡ豊橋がてつコン形態に取り組んでいなければ、現在のてつコン倶楽部のメンバー（の一部）は農協共販組織から退出していたかもしれません。そうした革新志向の農業者との関係を維持できたからこそ、キャベツの生産・販売にイノベーションが起こり、将来的に他のキャベツ生産者にそのイノベーションの恩恵が普及していく可能性を残すことができているのです。反対に、もし同ＪＡがこの取り組みに着手した時点で、既に革新志向の農業者が部会を去ってしまっていたならば、ＪＡが取り組みへの参加者を募っても様子見の姿勢をとる農業者のみとなり、取り組みはとん挫していたかもしれません。

関係維持に努めても農業者の方から離れていくことはもちろんありえますが、まずは実需者を顧客として直視し、革新志向の農業者を巻き込んで個別的取引にチャレンジしていくことが望まれます。

引用文献

・エベレット・ロジャーズ（２００７）『イノベーションの普及　第5版』、三藤利雄訳、翔泳堂。
・大谷尚之（２００９）『産地組織のマネジメント「コミュニティ」と「リーダー」が創り出す新たな地域農業』、東北大学出版会。
・木内博一（２０１６）『「結農」論　小さな農家が集まって70億の企業ができた』、亜紀書房。
・菊澤研宗（２０１６）『組織の経済学入門　改訂版　新制度派経済学アプローチ』、有斐閣。
・木島伸彦・斎藤令衣・竹内美香・吉野相英・大野裕・加藤元一郎・北村俊則（１９９６）「Cloningerの気質と性格の7次元モデルおよび日本語版Temperament and Character Inventory（ＴＣＩ）」、『季刊　精神科診断学』７（３）、３７９～３９９頁。
・木村伸男（２００１）「多様な経営者の考え方と経営管理」、金沢夏樹・稲本志良・八木宏典編『農業経営者の時代』、農林統計協会、２５２～２５９頁。
・小林茂典（２０１７）「主要野菜の加工・業務用需要の動向と国内の対応方向」（農林水産政策研究所ウェブサイトで公開）。
・坂爪裕（２０１５）『改善活動のマネジメント　問題発見・解決能力を組織に蓄積する』、慶應義塾大学出版会。
・嶋崎秀樹（２０１２）『儲かる農業　「ど素人集団」の農業革命』、竹書房。
・中條秀治（１９９８）『組織の概念』、文眞堂。
・西井賢悟（２０２１）「農協共販における組織の新展開と組織力の再構築」板橋衛編著『マーケットイン型産地づくりとＪＡ　農協共販の新段階への接近』、筑波書房、１０９～１３２頁。
・西井賢悟（２００６）『信頼型マネジメントによる農協生産部会の革新』、大学教育出版。
・林芙俊（２０１９）『共販組織とボトムアップ型産地技術マネジメント』、筑波書房。
・マーケットインに対応したＪＡ営農関連事業のあり方に関する研究会（２０２０）「マーケットイン型産地づくりを目指して―対応方向とポイント―」板橋衛編著・前掲書、２９３～３０８頁。

（注22）ロジャーズ（２００７）。

【著者略歴】
岩﨑 真之介［いわさき しんのすけ］

〔略歴〕
一般社団法人日本協同組合連携機構（JCA） 基礎研究部 副主任研究員。1987年、長崎県生まれ。広島大学大学院生物圏科学研究科博士課程後期単位取得満期退学。博士（農学）。一般社団法人JC総研を経て、2018年より現職。

〔主要著書〕
『マーケットイン型産地づくりとJA 農協共販の新段階への接近』筑波書房（2021年）共著、『JA女性組織の未来 躍動へのグランドデザイン』家の光協会（2021年）共著、『つながり志向のJA経営 組合員政策のすすめ』家の光協会（2020年）共著、『事例から学ぶ 組合員と進めるJA自己改革』家の光協会（2018年）共著。

JCA研究ブックレット No.31
顧客を直視する農協共販
農業者と実需者との相互作用

2023年2月12日 第1版第1刷発行

著　者 ◆ 岩﨑 真之介
発行人 ◆ 鶴見 治彦
発行所 ◆ 筑波書房
東京都新宿区神楽坂 2-16-5 〒162-0825
☎03-3267-8599
郵便振替 00150-3-39715
http://www.tsukuba-shobo.co.jp

定価は表紙に表示してあります。
印刷・製本＝平河工業社
ISBN978-4-8119-0642-3 C0036